身心灵魔力书系·

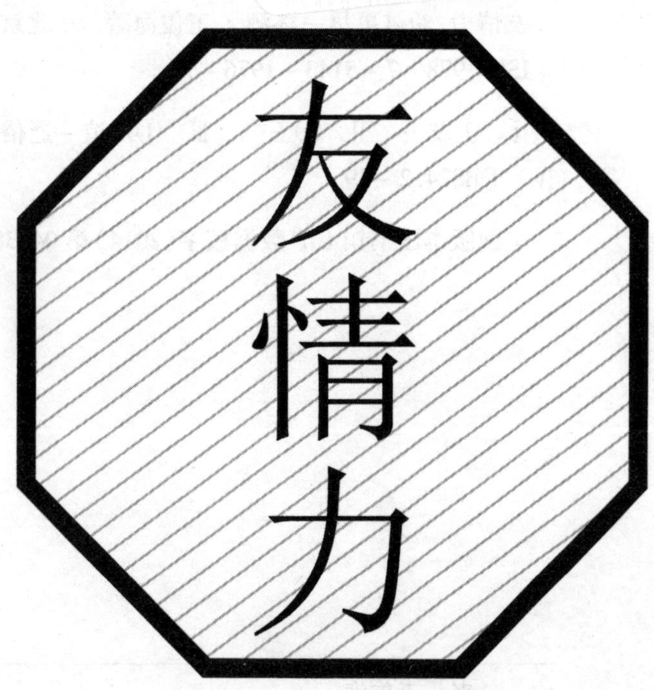

友情力

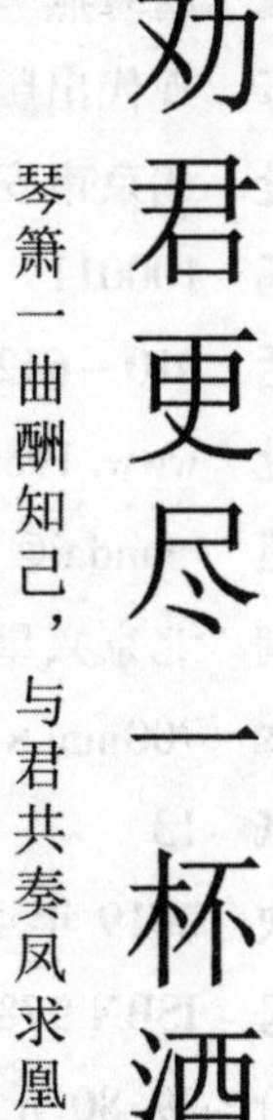

劝君更尽一杯酒

琴箫一曲酬知己，与君共奏凤求凰

王俊海 · 著

中国出版集团　现代出版社

图书在版编目(CIP)数据

友情力:劝君更尽一杯酒 / 王俊海著. —北京 : 现代出版社, 2013.11
ISBN 978-7-5143-1976-7

Ⅰ. ①友… Ⅱ. ①王… Ⅲ. ①友谊-通俗读物
Ⅳ. ①B824.2-49

中国版本图书馆 CIP 数据核字(2014)第 046382 号

作　　者 王俊海
责任编辑 赵海燕
出版发行 现代出版社
通讯地址 北京市安定门外安华里 504 号
邮政编码 100011
电　　话 010-64267325 64245264(传真)
网　　址 www.1980xd.com
电子邮箱 xiandai@cnpitc.com.cn
印　　刷 北京兴星伟业印刷有限公司
开　　本 700mm×1000mm 1/16
印　　张 13
版　　次 2019 年 4 月第 2 版 2019 年 4 月第 1 次印刷
书　　号 ISBN 978-7-5143-1976-7
定　　价 39.80 元

P前言 REFACE

为什么当代的青少年拥有幸福的生活却依然感到不幸福、不快乐？怎样才能彻底摆脱日复一日的身心疲惫？怎样才能活得更真实快乐？

对于每个人来讲，你可能是幸福的、满足的，也可能是不幸福的。因为你有选择的权利。决定你选择的因素只有一点，那就是你是接受积极的还是消极心态的影响。而这个因素是你所能控制的。

你是否觉得烦恼、孤寂、不幸、痛苦？你是否感受过快乐？你是否品尝过幸福的味道？烦恼、孤寂、不幸、痛苦、快乐、幸福，这些都是形容词，而所有的形容词都是相对而言的。没尝过痛苦，又怎知何谓幸福的人生？总是到紧要关头才发现，幸福早就放在自己的面前。人的幸福，是人们对它的理解和感觉所赋予的，其实，幸福与否只在于你的心怎么看待。不幸又岂非人生之必经？有时候很奇怪，每每拥有幸福的时候，人往往不懂得这些就是幸福，总是要到失去以后才发现，幸福早就放在了自己的面前。

肚子饿坏时，有一碗热腾腾的面放在你眼前，是幸福；累得半死时，有一张软软的床让你躺上去，是幸福；哭得伤心欲绝时，旁边有人温柔地递过来一张纸巾，是幸福……幸福没有绝对的定义，幸福只是心的感觉。幸福与否，只在于你的心怎么看待。你要是总感觉自己钱没有别人多，地位没有别人高，妻子没有别人的漂亮，丈夫没有别人的体贴，孩子没有别人的聪明，你能感到幸福吗？

越是在喧嚣和困惑的环境中无所适从，我们越觉得快乐和宁静是何等的难能可贵。其实“心安处即自由乡”，善于调节内心是一种拯救自我的能力。当人们能够对自我有清醒认识，对他人宽容友善，对生活无限热爱的时候，一个拥有强大的心灵力量的你将会更加自信而乐观地面对现实，面向未来。

本丛书将唤起青少年心底的觉察和智慧，给那些浮躁的心清凉解毒，进而帮助青少年创造身心健康的生活，来解除心理问题这一越来越成为影响青少年健康和正常学习、生活、社交的主要障碍。本丛书从心理问题的普遍性着手，分别描述了性格、情绪、压力、意志、人际交往、异常行为等方面容易出现的一些心理问题，并提出了具体实用的应对策略，以帮助青少年朋友科学调适身心，实现心理自助。

目 录 CONTENTS

第一章 关于友情

有一种友情叫永远 ◎ 3
朋友是一种财富 ◎ 5
人生是一种缘 ◎ 8
朋友有很多种 ◎ 9
最是珍贵朋友情 ◎ 10
因为有了友情 ◎ 12
友情需要默契 ◎ 14
友情需用心去经营 ◎ 15
拥有友情便拥有一切 ◎ 17
友情无价 ◎ 19

第二章 真正的友情

友情让你不孤单 ◎ 25
挚友如茶 ◎ 26
你的那些良师益友 ◎ 27
做一生的朋友 ◎ 29
最终的朋友是知己 ◎ 31
友情的真谛 ◎ 32

朋友的内涵 ◎ 34
真友情贵如钻石 ◎ 36
友情靠时间来检验 ◎ 38

第三章　学会交朋友

怎样交朋友 ◎ 43
一定要交的几种朋友 ◎ 46
不宜深交的几种朋友 ◎ 48
交朋友的技巧 ◎ 50
学会为他人着想 ◎ 52
如何安慰你的朋友 ◎ 54
让别人成为你的朋友 ◎ 56
交友之道 ◎ 58
没有“永远”的敌人或朋友 ◎ 61

第四章　君子之交淡如水

有种友情很平凡 ◎ 67
朋友的定义 ◎ 69
生命中来往的朋友 ◎ 70
别淡忘了友情 ◎ 72
朋友是旅途中的驿站 ◎ 73
友谊与竞争 ◎ 74
淡淡的友情 ◎ 75
忘记无心的伤害 ◎ 77
平淡才长久 ◎ 79
君子之交的境界 ◎ 81
君子如水，因物赋形 ◎ 82

第五章　近朱者赤　近墨者黑

影响的力量 ◎ 85
环境可以改变人 ◎ 90
选择朋友很重要 ◎ 92
人与人的彼此影响 ◎ 94
影响你的八种朋友 ◎ 98
择其善者而从之 ◎ 101
好友影响一生 ◎ 103
你受朋友的影响有多深 ◎ 105
交对自己有帮助的朋友 ◎ 107

第六章　友情需要真诚

做人要厚道 ◎ 113
为人处事靠自己 ◎ 116
从别人身上看自己 ◎ 118
不要轻易指责别人 ◎ 120
友情容不得虚伪 ◎ 123
不是每个人都有知己 ◎ 125
友情因真诚而崇高 ◎ 127

第七章　朋友丰富人生

患难朋友最可贵 ◎ 131
活在知己的世界里 ◎ 133
因为关心,所以批评 ◎ 135
与高尚者交友 ◎ 137
真正的友谊是随时付出 ◎ 140
至贫莫过无友 ◎ 142
朋友是一本书 ◎ 143

什么人影响了你 ◎ 145

第八章　友情与社会

怎样衡量友情 ◎ 149
怎样认识社会 ◎ 151
和难相处的人打交道 ◎ 152
与不同性格的人相处 ◎ 155
交往的分寸 ◎ 157
受人欢迎的品质 ◎ 161
一生当有几个好友 ◎ 163
带着爱的友情 ◎ 165
感谢走进你生活的人 ◎ 166
让友情长存 ◎ 167

第九章　友情总是很温暖

学会善待 ◎ 173
学会赞美 ◎ 175
学会宽厚 ◎ 178
友情最能温暖世道 ◎ 181
朋友是一种特殊的温暖 ◎ 183

第十章　五湖四海皆朋友

友情是博爱 ◎ 187
友贵莫若知己 ◎ 189
在家靠父母，出门靠朋友 ◎ 191
四海之内皆兄弟 ◎ 193
患难见真情 ◎ 196
心灵深处的默契 ◎ 198

第一章 关于友情

在人生的路上，我们成长，我们经历，我们潇洒，我们成熟，一路伴随岁月的脚步去行走，渐渐理解了人生的意义，慢慢懂得了生命的价值，也逐渐的明白了生活的真正目的。在时间的长河中，成长的足迹遍布人生的风雨之路，岁月如海，友情如歌，生命旅途中，我们感动每一次缘的靠近，一个简短的问候信息，一段亲切的电话交谈，一个生动活泼的表情的发送，一首轻快飞扬的歌曲，一张美丽清新的风景图片，都如此让我们感动，感慨缘的美丽，感动友情的温暖温馨。

第一章 关于友情

有一种友情叫永远

有一把伞雨撑了很久，雨停了还不肯收。有一束花闻了很久，枯萎了也不肯丢。有一种友情，希望到永远。即使青丝变白发，也能心底保留。

在人生的路上行走，会经历许多的事，遇见许多的人，这其间就有我们想要靠近的人和想要靠近我们的人，而人与人的交往就是事物的不断的更新与交替的过程。于是，就有了许多人所说的缘，相遇是缘，相逢是缘，相识也是缘。彼此之间坦诚相待，珍惜那份理解的美缘，把握那份珍贵的善缘，用心去感受缘带给我的美好感觉，感受一份缘来缘去的过程的灿烂，感觉这种生命里程中的经历。

无论花开花谢，缘都会在我的心田留下痕迹，正如那首歌的传唱《相逢是首歌》。你曾对我说：相逢是首歌，眼睛是春天的海，青春是绿色的河，相逢是首歌，同行是你和我，心儿是年轻的太阳，真诚也活泼，……你曾对我说：相逢是首歌，分别是明天的路，思念也火火，心儿是永远的琴弦，坚定也执着……歌词的魅力在于真实的生活感染力，朋友与缘同行在我的人生路上。

其实，生命的过程就是一种缘来缘去的行走过程。在人生的路上，我们成长，我们经历，我们潇洒，我们成熟，一路伴随岁月的脚步去行走，渐渐理解了人生的意义，慢慢懂得了生命的价值，也逐渐地明白了生活的真正目的。在时间的长河中，成长的足迹遍布人生的风雨之路，岁月如海，友情如歌，生命旅途中，我们感动每一次缘的靠近，一个简短的问候信息，一段亲切的电话交谈，一个生动活泼的表情的发送，一首轻快飞扬的歌曲，一张美丽清新的风景图片，都如此让我们感动，感慨缘的美丽，感动友情的温暖温馨。

朋友的情谊就如这杯浓郁芬芳的咖啡，在于品，在于酿，某个温暖的午后，我们独自安静地坐在桌前，细细地品味着咖啡的浓郁，想起朋友的点滴，耳边聆听的音乐时常会让思想的火花游走在朋友的生活空间，友情正如这杯中的咖啡，慢慢地将温馨的香味回味，想象与某个朋友一起相逢在某个幽雅的咖啡屋，一起品饮咖啡聆听纯净音乐旋律的情景……

人生的路上，因为有你，因为有我，因为拥有每一个缘带给我们的真心的快乐，生活就变得美好而阳光明媚。朋友的交往不在于距离的遥远，友情的感受不在于物质的给予。朋友的美好只在于彼此之间所感受到的那份温暖的感觉，那种心灵与心灵共鸣的感动。只因还拥有这样的感动，生活才会绚丽如花样美丽，只因拥有朋友的友情，生命的花开才会炫目的璀璨。

孤独的时候，仰望天空，我们会想起朋友；寂寞的时刻，低头不语，我们会想起朋友；伤心的时候，忧伤泪流，我们会想起朋友；疼痛的时刻，忧郁无助，我们会想起朋友；快乐的时候，开怀大笑，我们会想起朋友；开心的时刻，微笑凝望，我们会想起朋友。于是，生命中的感动牵系在朋友的情谊中，心灵间的思念牵挂在朋友的情谊中，淡淡的想念起是朋友的你，淡淡的牵挂起是朋友的你，淡淡的温暖将友情的灯光点亮，温馨地照耀这人生的旅途，拥有朋友的人生不再孤单，拥有友情的生命不再孤独，拥有情谊的生活不再寂寞。

人生的路上，我们在用心感觉拥有朋友的美好，也在用心品味拥有朋友情谊关怀的温暖感觉，相逢是首歌，歌手是你与我，人生路上彼此坚定执着，感动，感谢，感恩，感慨漫漫人生路上——岁月如海，友情如歌！

朋友是一种财富

不论在生活中，还是在网上，人人都会有朋友。朋友是什么？朋友就是彼此有交情的人，彼此要好的人。友情是一种最纯洁、最高尚、最朴素、最平凡的感情，也是最浪漫、最动人、最坚实、最永恒的情感。人人都离不开友情。

你可以没有爱情，但是你绝不能没有友情；一旦没有了友情，生活就不会有悦耳的和音，就死水一滩；友情无处不在，她伴随你左右，萦绕在你身边，和你共度一生。

朋友是一种相遇。

大千世界，红尘滚滚，于芸芸众生、茫茫人海中，朋友能够彼此遇到，能够走到一起，彼此相互认识，相互了解，相互走近，实在是缘分。在人来人往，聚散分离的人生旅途中，在各自不同的生命轨迹上，在不同经历的心海中，能够彼此相遇、相聚、相逢，可以说是一种幸运，缘分不是时刻都会有的，应该珍惜得来不易的缘。

朋友是一种相知。

朋友相处是一种相互认可，相互仰慕，相互欣赏、相互感知的过程。对方的优点、长处、亮点、美感，都会映在你脑海，尽收眼底，哪怕是朋友一点点的可贵，也会成为你向上的能量，成为你终身受益的动力和源泉。朋友的智慧、知识、能力、激情，是吸引你靠近的磁力和力量。同时你的一切也是朋友认识和感知你的过程。

朋友是一种相契。

朋友就是彼此一种心灵的感应，是一种心照不宣的感悟。

你的举手投足，一颦一笑，一言一行，哪怕是一个眼神、一个动作、一个背影、一个回眸，朋友都会心领神会，不需要彼此的解释，不需要多言，不需要废话，不需要张扬，都会心心相印的。那是一种最温柔、最惬意、最畅快、最美好的意境。

朋友是一种相伴。

朋友就是漫漫人生路上的彼此相扶、相承、相伴、相佐。她是你烦闷时送上的绵绵心语或大吼大叫，寂寞时的欢歌笑语或款款情意，快乐时的如痴如醉或痛快淋漓，得意时善意的一盆凉水。在倾诉和聆听中感知朋友深情，在交流和接触中不断握手和感激。

朋友是一种相助。

风雨人生路，朋友可以为你挡风寒，为你分忧愁，为你解除痛苦和困难，朋友时时会伸出友谊之手。

她是你登高时的一把扶梯，是你受伤时的一剂良药，是你饥渴时的一碗白水，是你过河时的一叶扁舟；她是金钱买不来，命令下不到的，只有真心才能够换来的最可贵、最真实的东西。

朋友是一种相思。

朋友是彼此的牵挂，彼此的思念，彼此的关心，彼此的依靠。思念就像是一条不尽的河流，像一片温柔轻拂的流云，像一朵幽香阵阵的花蕊，像一曲余音袅袅的洞箫。她有时也是一种淡淡的回忆、淡淡的品茗、淡淡的共鸣。

朋友是一种相辉。

朋友就像是夜空里的星星和月亮，彼此光照，彼此星辉，彼此鼓励、彼此相望。

朋友也就是镶嵌在默默的关爱中，不一定要日日相见，永存的是心心相通；朋友不必虚意逢迎，点点头也许就会意了；有时候遥相辉映，不亦乐乎？

花落才有花开，有散才有聚。若没了那一份无奈，又怎懂得珍惜。我们总是不遗余力地追求那一个天长地久，我们总是千方百计去留住那一个结果，却不知天有老时地有荒，这世界哪有不变的情？却不知如果曾经拥有过美，便不需去强求什么结果。

这世界许多东西没有永恒，这世界许多事情没有结果，而美丽依旧美丽，辉煌照样辉煌，又何必斤斤计较时间的长短，又何必兜兜转转寻求因与果。离别时，如果我们可以执手相互道珍重，又何必一定要留在一起重复那许多琐碎的岁月！

分手时，如果我们可以轻轻松松挥挥手，又何必无所谓地去翻找昔日的海誓山盟，花儿落了，明日还会开，流星虽逝，美好的愿望依旧在心底。于是所有的日子都轻松，于是所有的负重都甜美，于是不会再后悔，于是不会遗憾未了又遗憾，于是过去了的成为回忆，于是今天拥有的不会再无奈。

拥有过的，永远不会失去，没有得到的，亦无须苦苦追求，是你的，迟早都是你的，不是你的，永远都不会属于你。只要你不为天长地久而苦恼。不必为失去的而遗憾，不必留恋昨天。只在乎曾经拥有。

人生是一种缘

生命中有许多东西是需要放过的。放过，有时是为了求得一份心灵的安宁，有时是为了获得一个更广阔的天空。放过是一种境界，是一种高度。

人生是一种缘，你刻意追求的东西或许终身得不到，而你不曾期待的灿烂反而会在你的淡泊中从容而至。

朋友，像淡淡的清茶要你去细细地品，慢慢地酌它的甘甜，他会不经意间地走入你的心田，用心牵挂着你。

在人生的旅途中我们的朋友，也许就是那一个个的小小的站台。也许有很多站台我们都没有停留，也许我们会在一个小站台稍事休息，也许我们还会在个站台停留许久！

也就是这样一个个的站台连成了我们得旅途中的甜酸苦辣。在每个站台都有自己独特的风景，也许还能有自己的故事或者是辛酸！

也许在旅途中很长的一段时间我们还是会记起那某个站台，也许我们也有很多站台都没有记住他们的名字，但是人生却不停止自己的脚步，在一个个小站中连成了一条直线！

正是因为这样，我们也必须经过这样的站台，不过人生只有有了这样值得回忆的小站，才显得旅途并不孤单，只有这样等人生到了自己的终点时才不会再有什么遗憾了！

朋友，好好地珍惜每一个小站，它们又会对你述说什么呢？细细的，好好的体会你身边每一个朋友吧！

朋友有很多种

在人生的旅途中，我们会邂逅许多人，他们能让我们感到幸福。有些人会与我们并肩而行，共同见证潮起潮落；有些人只是与我们短暂相处。我们都称之为朋友。朋友有很多种。就好像一棵树，每一片叶子是一个朋友。

最早发芽的朋友是我们的爸爸和妈妈，他们告诉我们什么是生活。接下来是我们的兄弟姐妹，他们与我们一起成长，共同走向繁荣。然后是我们所有的家人朋友，他们让我们尊重，让我们牵挂。

有时某一个朋友会触动我们的心灵，于是我们就会相爱，拥有一位恋人朋友。这个朋友会让我们的眼睛焕发光彩，会让我们与歌曲相伴，会让我们雀跃前行。还有一种一时的朋友，他们或是曾与我们共度某个假期，或是曾共度几天甚至几个小时。在一起的时候，他们总能让我们的脸上挂满微笑。也有一种远方的朋友，他们位于枝干的末端，有风的时候，他们会在其他叶子中间若隐若现。他们虽然不总在我们身边，但一直与我们的心灵很近。时光流逝，夏去秋来，一些叶子会离我们而去，一些叶子会在另一个夏天出现，还有一些叶子会陪伴我们许多季节。但最让我们感到幸福的是，那些虽已凋零，却不曾远去的叶子，他们依然在用欢乐滋养我们的根系。那是他们与我们相遇时留下的美好回忆。

我们生命中的每位过客都是独一无二的。他们会留下自己的一些印记，也会带走我们的部分气息。同样有人会带走很多，也有人什么也不留下。这恰好证明了，两个灵魂不会偶然相遇。

最是珍贵朋友情

人生如梦，岁月如歌。大千世界，红尘滚滚，一年又一年的风风雨雨，几许微笑，几丝忧伤，随着时间小河的流淌，许多人和事都付之东流去，但有一种人却随着时间的推移，你与他(她)的交往，如陈年酒香，沁人心肺。你与他(她)的友情是世上最珍贵的情感。这种友情是一种最纯洁、最高尚、最朴素、最平凡的感情，也是最浪漫、最动人、最坚实、最永恒的情感。不论在生活中还是网络里，人人都会有朋友，如果没有朋友情，生活就不会有悦耳的和音，就如死水一滩；友情无处不在，她伴随你左右，萦绕在你身边，和你共度一生。

什么是朋友？朋友就是彼此相交的人，彼此要好的人。但“人之相识，贵在相知；人之相知，贵在知心。”在交友方面，古人讲究莫逆于心，遂相与友。

鲁迅也说：“人生得一知己足矣，斯世当以同怀视之。”“名声、荣誉、快乐、财富这些东西，如果同友情相比，它们都是尘土。”达尔文这样说。

有缘才能相遇，有心才能相知。芸芸众生、茫茫人海中，朋友能够彼此遇到，能够走到一起，彼此相互认识，相互了解，相互走近，实在是缘分。在人来人往，聚散分离的人生旅途中，在各自不同的生命轨迹上，在不同经历的心海中，能够彼此相遇、相聚、相逢，可以说是一种幸运，缘分不是时刻都会有的，应该珍惜得来不易的缘。

朋友相处是一种相互认可，相互仰慕，相互欣赏、相互感知的过程。对方的优点、长处、亮点、美感，都会映在你的脑海，尽收眼底，哪怕是朋友一点点的可贵，也会成为你向上的能量，成为你终身受益的动力和源泉。朋友的智慧、知识、能力、激情，是吸引你靠近的磁力和力量。同时你的一切也是朋友认识和感知的过程。朋友之间贵在真诚相待，诚则交之，疑则离之，自私自利、心术不正的人，不妨舍之。

真诚的友情是永恒的,“人不能老是行时,在你背时的时候,有人还了解你,就是知己了。”

朋友之间贵在互相见谅,“善人者,人亦善之”,对于朋友的优点,不能忌而不学;对朋友的缺点,不能视而不见;对朋友的忠告,不能听而不闻;就是一些过激的言语,或者偏颇的看法,只要是对自己的善言,也不能怒而反讥。

一个人,要想多得到真挚的友谊,除了对朋友真诚相待外,还要能够容忍对方的缺点,要注意自己怎样做人,莫辜负朋友的知己之情。

“人生难得一知己,千古知音最难觅。”我想这也是一种人生的际遇,是可遇不可求的。能拥有一位“望之俨然,即之也温,听其言也厉”的“三变”君子做知己,是人生一大幸事也!

很难说,你在我心中到底有多重!只知道,生命的旅程中不能没有你!风雨人生路,朋友可以为你挡风寒,为你分忧愁,为你解痛苦和困难,朋友时时会伸出友谊之手。她是你登高时的一把扶梯,是你受伤时的一剂良药,是你饥渴时的一碗白开水,是你过河时的一叶扁舟;她是金钱买不来,命令下不到的,只有真心才能够换来的最可贵、最真实的东西。

最是珍贵朋友情!

烦恼时友情如醇绵的酒,痛苦时友情如清香的茶,快乐时友情如轻快的歌,孤寂时友情如对饮的月……

因为有了友情

生命中总有许多来来往往的人，就像我们走路时马路上那些过客，有与我们背道而行的，也有与我们走向同一个方向的。

与我们背道而行的，也许我们转瞬即忘，岁月的风，会把他们吹到我们记忆的边缘，甚至是我们的记忆之外。

也许，在生命中的某一天里，我们也还会偶尔地想起一些模糊的影子来，但也只是偶尔地想一下而已，他们在我们身后，已离我们越来越远。即使他们因为某些原因又重新折回来，可因为我们已相隔得太远了，也早已无法追得上。

那些与我们同行的，有的与我们擦肩而过，有的也许会陪我们走一段距离。但时间都不会太长，人生的道路上岔道太多，在每一个路口，我们的选择都会不同。你选择了这条路，他选择了那条路，于是，只有分手。新的道路上，当然还会有新的同行者，可也同样还会有新的岔路口。

正是因为有了友情，我们才能感受到人与人之间的温馨。我们的内心仿佛是一只因常常积满忧虑和无奈而倍感沉重的杯子，只有那些为了友情而伸给我们的双手，才愿意真诚地为我们倒空这只杯子，还她快慰和轻松。

正是因为有了友情，我们才能更加感受到做人的尊严和光荣。我们的内心仿佛是一本很厚很厚的书，只有那些和我们的心灵撞出了友情之火的心灵，才会愿意打开这本厚书仔细地阅读和真诚地评注。通过他的评注，我们明白了哪些是该删除的文字；通过他的评注，我们知道了该怎样才能用自己的生命之笔创造出不朽的杰作。

在这个世界上，一想到除了亲人之外还有人在关心着我们的灵魂，我们的心灵怎能不燃烧？一想到除了亲人之外还有人在关注着我们的精神世界，这怎能不使我们感到快乐和幸福？一想到除了亲人之外还有人为我们的失败和成就而叹息和祝福，这怎能不使我们感到骄傲和激动？亲情是来自血缘，而友情却是来自苍茫人海中的一种美妙的机缘，来自对彼此荣与辱的分享和分担，来自彼此对对方人格的尊重和对内心的理解。

友情的根是植于高尚的精神，而不是植根于低俗的利欲；友情是彼此为对方吹响的鼓舞前进的号角，而不是相互利用的工具；友情是彼此为对方美好的情操而唱的赞歌，而不是相互间的哄骗和吹嘘；友情是为了使朋友之间成为彼此的纯洁品行的一面镜子，而不是为了使彼此成为对方恶行的帮凶……

拥有了友情，就如青山拥有了奔腾的小溪；拥有了友情，就如帆船拥有了顺风；拥有了友情，干渴的旅行者拥有了清泉；拥有了友情，在这个世界上，我们的灵魂就不再是形单影只；拥有了友情，就会有人在我们成功的时候穿过嫉妒的人丛为我们献上一束鲜花，在我们失败痛苦的时候为我们抚平伤痕。

亲情是来自于血缘，而友情却是来自苍茫人海中的一种美妙的机缘，来自对彼此荣与辱的分享和分担，来自彼此对对方人格的尊重和对内心的理解。

友情需要默契

真正的友情不依靠什么，不依靠事业、祸福和身份，不依靠经历、地位和处境。他在本质上拒绝功利，拒绝归属，拒绝契约。他是独立人格之间的互相呼应和确认，他使人们独而不孤，互相解读自己存在的意义。因此，所谓朋友，是使对方活得更加温暖、更加自在的那些人。

友情因无所求而深刻，不管彼此是平衡还是不平衡。友情是精神上的寄托。有时他并不需要太多的言语，只需要一份默契。

人生在世，可以没有功业，却不可以没有友情。以友情助功业则功业成；为功业找友情则友情亡。二者不可颠倒。

人的一生需要接触很多人，因此，有两个层次的友情。宽泛意义的友情和严格意义的友情，没有前者未免拘谨，没有后者难于深刻。

宽泛意义的友情是一个人全部履历的光明面，但不管多宽，都要警惕邪恶，防范虚伪，反对背叛；严格意义的友情是一个人终其一生所寻找的精神归宿。但在没有寻找到真正友情的时候，只能继续寻找，而不能随脚停驻。因此，我们不能轻言知己。一旦得到真正友情，我们要倍加珍惜。

友情的根是植于高尚的精神，而不是植根于低俗的利欲；友情是彼此为对方吹响的鼓舞前进的号角，而不是相互利用的工具；友情是彼此为对方美好的情操而唱的赞歌，而不是相互间的哄骗和吹嘘。

友情需用心去经营

朋友，需用心去经营，需有一定的艺术性。不是在讲教，而是有切身的体会。对一个朋友，且不论男女朋友，不能太过于重视，否则对方会觉得压力很大，会被你的重视压得喘不过气，但又不能过于疏忽，过于疏忽，可能就不会再有联系。有的朋友，你如果太重视他，会让他觉得交你这个朋友很累，就是因为你太重视他了，让他感到压力，也会让自己过得很辛苦。无论是朋友之间，或是恋人之间，对对方的情感，肯定是无法对等的。总会有付出较多的一方，而往往是付出多的一方容易受到伤害。所以，现在很多在和朋友相处的时候，都会告诫自己，要控制自己的付出，这样会让自己和朋友都不受伤害。所以我现在不会强求别人，要尽量不要给别人带来压力。

生活中并不是所有的人都能成为朋友。每个人都有自己的人生态度、处世方式、情趣爱好和性格特点，选择朋友也有各自的标准和条件。交朋友的原则是追求心灵的沟通。人生活在世界上，离不开友情，离不开互助，离不开关心，离不开支持。在朋友遇到困难、受到挫折时，如果伸出援助之手，帮助对方渡过难关，战胜困难，要比赠送名贵礼品有用得多，也牢靠得多。既为朋友，就意味着相互承担着排忧解难、欢乐与共的义务。唯此，友谊才能持久常存。

朋友的相处伤害往往是无心的，帮助却是真心的，忘记那些无心的伤害；铭记那些对你真心帮助，你会发现这世上你有很多真心的朋友……在日常生活中，就算最要好的朋友也会有摩擦，我们也许会因这些摩擦而分开。但每当夜阑人静时，我们望向星空，总会看到过去的美好回忆。一些琐碎的回忆为我寂寞的心灵带来无限的震撼！就是这感觉，令我更明白朋友对我的重要！网络也是一样的，太近了关系会变得复杂，太远了，就失去了联系，不近不远刚刚好，只能感受到彼此的真诚与情谊。每一个人都有一方属于自己的乐土，朋友，当你心情沮丧的时候，当你灰心失望的时候，当你觉得好友渐渐淡漠的时候，请珍惜朋友真挚的友情，不管是在网络的友情还是现实生活中的，友谊如同空气如水，不要到失去的时候才痛感它的可贵。

我们每个人都想永远拥有许多真心的朋友，但这是不可能的。离散聚合，应顺其自然，不必勉强。属于我们的朋友，会向我们走来，不属于我们的朋友，留也留不住，如果真到了一躬而别的时候，无须哀怨，更不能太计较太执着了，权且将人生悲凉灰颓的一面独自吞咽，再将亮丽壮美的品质展示给他人，用生命去体验人生就是。因为人活着不是为了痛苦，人生乐在心相知。

每份淡漠下面也都隐藏着很深的寂寞和渴望。每个人都有自己挣扎的痛苦与心路历程，默契不过是因理解自己而彼此理解，只有和谐才是身心疲惫时依然不泯的微笑。互相的惦念，互相的牵挂，与互相的爱护便是人世间最最难得的情感抚慰，是朋友之间最难割舍的真情。好友之间所以能长期共存，正是因为有了这种心灵间的相互依存与默契，唯此孤独的人生才变得丰富而深刻。能够拥有一位好友，一位至交，便拥有了一生的情感需求，好友如衣食，如日月，如自已的影子，最最孤独时，无论相隔千里万里，好友都会如期而至，那时即便是默默相对，不说一句话，感受也是雨露的滋润，心静如镜，心境如云。

珍惜身边的每一份友情，无论它是不是已经过去，无论它会不会有将来。也许不会天长地久，也许会淡忘，也许会疏远，但却从来都不应该遗忘。它是一粒种子，珍惜了，就会在你的心里萌芽，抽叶，开花，直至结果。而那种绽放时的清香也将伴你前行一生一世……

能够拥有一位好友，一位至交，便拥有了一生的情感需求，好友如衣食，如日月，如自己的影子，最最孤独时，无论相隔千里万里，好友都会如期而至，那时即便是默默相对，不说一句话，感受也是雨露的滋润，心静如镜，心境如云。

拥有友情便拥有一切

大千世界，茫茫人海，与你擦肩而过的人很多，和你相识的人也是不计其数。但和你有血缘关系的亲人就是屈指可数那么几个，除了亲人之外，还有另外一种人，这种人尽管没有血缘关系，但他像亲人一样关心你、爱护你、帮助你，在乎你，这种人就是朋友。

朋友就是你高兴时想见的人，烦恼时想找的人，得到对方帮助时不用说谢谢的人，打扰了不用说对不起的人，高升了不必改变称呼的人。朋友是可以一起打着伞在雨中漫步，是可以一起在海边沙滩上打个滚儿，是可以一起沉溺于某种音乐遐思，是可以一起徘徊于书海畅游的人，朋友是有悲伤陪你一起掉眼泪，有欢乐和你一起傻傻的笑的人……

朋友又可以分成普通朋友、知心朋友，在这两种朋友中又可以分成同性朋友、异性朋友。普通朋友与你的感情超过只相识没有交往的人，沟通的频率也不是很高。知心朋友则不然，彼此之间在情感上有一定的交融，是一个灵魂寓于两个身体，两个身体一颗心，甚至两颗心跳动都是同速。在情感方面，相似于亲人，只不过是没有血缘关系。同性朋友和异性朋友都不能超出上述两种朋友的范畴。

朋友不一定常常联系，但也不会忘记，每次偶尔念起，还是感觉那么温暖、那么亲切、那么柔情；朋友是把关怀放在心里，把关注藏在眼底；朋友是相伴走过一段又一段的人生，携手共度一个又一个黄昏；朋友是想起时平添喜悦，忆及时更多温柔，朋友如醇酒，味浓而易醉；朋友如花香，淡雅且芬芳；朋友是秋天的雨，细腻又满怀诗意。朋友像一杯凉开水，清凉寡淡，但解渴实用。

朋友是十二月的梅，纯洁又傲然挺立。朋友不是画，它比画更绚丽；朋友不是歌，它比歌更动听；朋友不是洁白的雪花，它比雪花更纯洁。朋友应是那意味深长的散文，写过昨天又期待未来。

朋友像块晶莹的宝石，需要用真诚去雕琢，用理解去保鲜，用沟通去修饰。朋友不一定要门当户对，但一定要同舟共济。不一定要形影不离，但一定要心心相惜。不一定要锦上添花，但一定要雪中送炭。不一定要天天见面，但一定要放在心里。

朋友本不该有那么重要，朋友又的确那么重要。生命里或许可以没有感动、没有胜利……没有其他的东西，但不能没有的是朋友。

有朋友的日子里总是阳光灿烂，花朵鲜艳；有朋友的时候才发现自己已经拥有了一切。我们可以失去很多，但不能失去的是朋友。朋友也许并不能成为一段永恒，朋友也许只是你生命中某段时间的一个过客，但因为这份缘起缘灭，更使生命变得美丽起来，朋友的情感更加生动和珍贵。即使没有将来又有何妨？至少，曾经我与你一起走过朋友的路。

当你曾经拥有知心朋友时，请你把握住这拥有的机会，并好好的珍惜他（她），千万不要让你的知心朋友默默地离开你。你没有必要把自己沉浸在粉红色的世界里，你要扼住绿色的今天，迎接金色的明天。

朋友最真是瞬间永恒、相知刹那；朋友的可贵不是因为曾一同走过的岁月，朋友最难得是分别以后依然会时时想起，依然能记得：你，是我的朋友。

友情无价

千里难寻是朋友。

滚滚红尘，芸芸众生，能在同一时空相遇，已是一份机缘，若能相知进而志趣相投，那便是朋友了。

人生不能无友。孔子说“无友不如己者”所以“有朋自远方来，不亦乐乎。”在生活旅程中，朋友就像生活的阳光照耀着我们，温暖着我们。当我们满怀疲惫时，朋友的关爱似柔情的月光，给了我们甜蜜的慰藉和生存的坚强。

当我们面对失败时，朋友的鼓励，给了我们拼搏的信心和向上的力量；当我们欢呼成功时，朋友的祝福，给了我们真诚的喜悦和前进的动力。从古到今，传诵着多少朋友情谊的佳话：俞伯牙和钟子期，嵇康和阮籍，李白和杜甫，鲁迅和瞿秋白等等。尤为令人称道的是管鲍之交，几千年来，论知心之交，必曰：管、鲍。

春秋时，齐国有两个人，一个叫管仲，字夷吾；一个叫鲍叔，字宣子。两人自幼时以贫贱结交。

后来鲍叔先在齐桓公门下信用显达，就举荐管仲为相，位在已上。两人同心辅政，始终如一。管仲曾有几句言语道：“吾尝三战三北，鲍叔不以我为怯，知我有老母也；吾尝三仕三见逐，鲍叔不以我为不肖；知我不遇时也；吾尝与鲍叔为贾，分利多，鲍叔不以我为贪，知我贫也。生我者父母，知我者鲍叔也！”

我每背诵此段话，都不由心声感慨，既感慨于他们那份难得的相知相与的友谊，也感慨于管仲对这份情谊的珍惜，更感慨于当今交友之道的世风日下。

古人结交惟结心，今人结交惟结面。明人陈继儒在《小窗幽记》里谈到交友之道时说“先淡后浓，先疏后亲，先达后近，交友道也。”而在当今，有的人在社会上交朋友比打个出租车还随便。

或素昧平生，交谈不过顷刻，完全不知底里，便视为“知心朋友”；或歌肆酒廊生意场相识，点点头递支烟酒杯一碰，醉意朦胧之中，便为“莫逆之交”；或旅途聚首，乍感气味相投，凭一时高兴，便当作“割头不换的生死朋友”，这样的朋友正如古人所言“世人片言合，杯酒结新欢，生死轻相许，酒寒盟亦寒”用我们现在的话说是酒肉朋友是经不起时间的蒸发更经不起时间的蒸馏，是绝难长久的。

有一种朋友，是以互为利用作前提的，欧阳修在《朋党论》里说“小人所好者禄利也，所贪者财货也。当其同利之时，暂相党引以为朋者，伪也。”在现实中这样利用过了便散伙，榨不出油就撒手，刚才还“朋友”成一坨稀泥分不出彼此，转背就成了乌鸦麻雀不通语言的“伪朋友”者多矣。

或许你们经常在一起吃喝玩乐，看似十分投缘，有时他为你办件事，你也帮他办件事，其实各人心里都打着“小九九”，有时算计人情账的声音都能听得见，这样的朋友是朋友吗？

或许你是个官，他以你的取舍为取舍，以你的好恶为好恶。看你的脸色说话。

为了讨得你的欢心，整天低眉折腰，揣摩你的心思，瞪大眼睛，竖起耳朵，设法对你的爱好、嗜好、脾气、口味等进行摸底，然后有的放“矢”，投其所好：你爱腾云驾雾，便送上大“中华”；你的孩子要上学，送上红包表祝贺；你的寿诞到来即，跑前忙后孝过子；你好挥毫书字画，求得“宝墨”堂中挂。你觉得他好够朋友，可是那满脸的笑容后面却堆满了假意的呆板，这样的朋友是朋友吗？如果你觉得是，那他也是和你的官位是朋友。

或许你们都是个官，互称老朋友。你把他的小姨子调到你的“一亩三分地”吃闲饭，他把你的小舅子弄到他的麾下当“参谋”，见了面或打个电话互相致谢后，说不定你两人正算计着谁更合算，这样的朋友是朋友吗？

人生在世，都渴望感情的交流，渴望有亲密的朋友，可是交朋友不是一件容易的事情，选择得当则可受益匪浅，交友不当，则祸害非轻。与正直的人交朋友，自己的灵魂也能得到净化，朋友之间的一言一行相互影响，品质会随之高尚起来；与奸邪的人交朋友，必定会追风逐臭，同流合污，遭到人们的鄙弃。

正所谓“近朱者赤，近墨者黑”是也。交友要交益友，何者为益友？凡事肯规我之过者是也。明代文学家苏竣把朋友分为四种类型:“道义相砥,过失相规,畏友也;缓急可共,死生可托,密友也;甘言如饴,游戏征逐,昵友也;和则相攘,患则相倾,贼友也。”他把“道义相砥,过失相规”列为交友的最高层次,是颇有见地的。人不可能永不犯错误,免不了要做出违背“道义”的事,这时能出来“相砥”“相规”指正你批评你甚至不惜与你脸红的人,才是你的益友,才是真朋友。

有位哲人说:“好朋友是山,一派尊严;好朋友是水,一脉智慧;好朋友是泥土,厚爱绵绵。”是呵,当我们寻找尊严、智慧和爱的时候,一定会遇到可以靠背、可以并肩、可以共荣辱同患难的好朋友。

第二章 真正的友情

好朋友不论身在何处，都会时时付出关爱，好朋友简简单单，好朋友清清爽爽，好朋友越交越真，水越流越清，世间的沧桑越流越淡。好朋友是一本书，指引你走过人生最迷茫的那段时光。好朋友是人与人之间，最美好的情感，关山难阻隔，岁月扯不断，不会随着时间的流失而淡忘。好朋友是你，最容易忘掉的一个人。当你痛苦的时候，也是最希望要找的人。好朋友之间共享一个快乐，把快乐分成两份，两个人共尝一个痛苦，痛苦只有半个。珍惜吧，珍惜朋友之间，最美好的感情。

友情让你不孤单

友情是相知。当你要的时候,我还没有讲,友人已默默来到你的身边。他的眼睛,他的心都能读懂你,更会用手挽起你单薄的臂弯。因为有友情,在这个世界上你不会感到孤单。

当然,一个人也可以傲视苦难,在天地间挺立卓然。但是我们不得不承认,面对艰险与艰难,一个人的意志可以很坚强,但办法有限,力量也会有限,于是友情像阳光,拂照你如拂照乍暖还寒时风中的花瓣。

友情常在顺境中结成,在逆境中经受考验,在岁月长河中流淌伸延。

有的朋友只能交一时,有的朋友可以交永远;交一时的朋友可能是一场误会,对曾有过的误会不必抱怨,只需说声再见,交永远的朋友用不着发什么誓言,当穿过光阴的隧道之后,那一份真挚与执着,也足以感地动天。

挚友不必太多,人生得一知己足矣,何况有不止一个心灵上的伙伴。朋友可以很多,只要我们有一个共同的追求与心愿。

友情不受限制,它可以在长幼之间,同性之间、异性之间,甚至异域之间。山隔不断,水隔不断,不是缠绵也浪漫。

只是相思情太浓,仅是相识意太淡,友情是相知,味甘境又远。

有的朋友只能交一时,有的朋友可以交永远;交一时的朋友可能是一场误会,对曾有过的误会不必抱怨,只需说声再见,交永远的朋友用不着发什么誓言,当穿过光阴的隧道之后,那一份真挚与执着,也足以感地动天。

挚友如茶

友情是很微妙的一种东西，就如同一杯茶，越久味道就越浓。

朋友就像是你生命中的一盏灯，在你最需要温暖的时候给你送来温暖，朋友就像你的精神支柱，在你最颓废的时候给你勇气。在生活中朋友的每一个细小的细节都会令人感动，在忙碌的生活中，朋友的一个问候的、祝福的短信就会给你带来莫大的感动，你就会在心里默默地说这就是朋友，这就是友谊啊！忙碌的生活中，朋友的一通电话也会给你带来欣喜，一句“你好吗”？会使你热泪盈眶。

当然友谊是需要彼此付出的，一个人单方面的付出是不够的，友谊需要两个人共同的付出才会有回报，才会收获到友谊。我们也不能过多的要求我们的朋友为我们做什么事情，为我们服务，试着想一想如果你的朋友一味的要求你为她做这做那，你又会有什么样的想法呢？

其实，朋友也是靠自觉的，在忙碌的工作后突然想起了朋友给朋友发个短信息，彼此联络一下感情，给友谊充充气，这就是友谊了。友谊是一种自觉又不自觉的行为。

挚友不必太多，人生得一知己足矣，何况有不止一个心灵上的伙伴。朋友可以很多，只要我们有一个共同的追求与心愿。

你的那些良师益友

朋友是人生旅途中不可缺少的伴侣，人生不能没有朋友，也不能随意地交朋友，真正的朋友是良师益友，是黑暗中的指路明灯，好朋友贵在真诚，贵在持之以恒，更重要的是朋友之间，要相互理解与宽容。

朋友是人类情感中，最坚实的，最朴素的，最平凡的友谊。你可以没有爱情，但不能没有友情，人生如果没有朋友，如死水一潭，友情无时无刻不存在于我们的生活之中，是我们共同度过一生的情缘。

穷达尽力身外事，升沉不改故人情。

红尘滚滚，繁华世界，在茫茫人海中，彼此相识相知，实在是缘分，在各自的生命轨道上，在不同经历的心海中，能够彼此相遇，可以说是一种幸运，好朋友是人世间一种稀有的幸福。那是一种千金难买的宝藏！

好朋友不论身在何处，都会时时付出关爱，好朋友简简单单，好朋友清清爽爽，好朋友越交越真，水越流越清，世间的沧桑越流越淡。好朋友是一本书，指引你走过人生最迷茫的那段时光。

声音披着风，如春雨下降，给我们抚慰，令我们动容，也许就是我们的笑，我们的快乐。洋溢成文字，关爱了彼此的心，在这个虚拟的网络世界，其实也有许许多多，真诚的朋友。正因为如此，才让你我如此对一切恋恋不舍。

好朋友之间共享一个快乐，把快乐分成两份，两个人共尝一个痛苦，痛苦只有半个。珍惜吧，珍惜朋友之间，最美好的感情。好朋友是一本书，让你度过人生快乐的那段时光。

好朋友是给你任何帮助，不用说感谢的人。是你惊扰之后，不用心怀愧疚的人。是你穷困时，对你另眼相看的人。是你步步高升，对你称呼不变的人。

好朋友是你心情落寞的时候，一句你好吗？一声轻轻的问候，恰似一缕温情溢满心间，永远让人感动，好朋友是你遇到困难四处无助时候，一句我帮你！淡淡的关怀缠绕在身边，永远让人感动……

朋友，你有这样的好朋友吗？如果有，一定要珍惜哦！

我们都是来自五湖四海的朋友，本来是素不相识素味平生的。却因为网络这个平台，促成了无数不相识的朋友在此相遇、相识、相知。在这里，我们由陌生变得熟悉；由熟悉转为朋友；由朋友成为知己。每当打开自己的博客，看到或陌生或熟悉的朋友们轻轻一声问候、淡淡一句牵挂时，心里总会涌动莫名的温暖！因为有缘，我们相遇在此，愿网络的朋友们都能好好珍惜这份难得的缘。

看到的是文字，感受的是温馨，读出的是心语，默默地是祝福，祝愿朋友快乐永久！

有种温馨来自心灵中的惦记；有种快乐来自思念中的回忆；有种关爱超越了世俗的轨迹；有种温暖放在心中像彩虹一样美丽！

世间的美丽如天上的繁星，可是属于自己的只有一颗；生活中的美景若沧海烟波，能深藏于心的只有一个小湾！

时光匆匆带走的是记忆，是留给我们的生命中永恒的感动。空间让我和你相识相知，在这块心灵的乐园里，我们用真诚的花卉筑起友情的长城，用满怀的热情演绎着人间的真情。

朋友如书，值得久读，好友如酒，需要细品。老友是诗，必须循韵，挚友乃天，一生所求。在这个虚拟的世界里，遇到你是我最大的荣幸。

有一种友谊虽然平凡，却让人珍惜。有一些事情虽然平常，却令人温暖。有一种朋友见不到面，却能永远放在心上。清风，带给你好运，白云，带给你幸福，阳光，带给你快乐，星光，带给你安宁，月光，带给你温馨，雨点，带给你自信，我呢，带给你暖暖的问候！

朋友如书，值得久读，好友如酒，需要细品。老友是诗，必须循韵，挚友乃天，一生所求。在这个世界里，遇到几个知己是最大的荣幸。

做一生的朋友

在生命过程中，由于人生观、世界观，情趣爱好和性格特点等相近，会有很多男女朋友，有校园朋友，有职场朋友，网络朋友，我感动每一次缘的靠近。一个简短的问候信息，一段亲切的电话交谈，一个生动活泼的表情的发送，一份生日礼物的祝福，一首轻快飞扬的歌曲，都如此让我感动，感慨缘的美丽，感动友情的温馨，感谢朋友的温暖！

淡淡的友情很真、淡淡的问候很醇、淡淡的孤独很美、淡淡的思念很深、淡淡的祝福最真！淡淡的温暖将友情的灯光点亮，温馨地照耀这人生的旅途，拥有朋友的人生不再孤单，拥有友情的生命不再孤独，拥有情谊的生活不再寂寞。一段经典的文字再次读过“有一把伞撑了很久，雨停了还不肯收。有一束花闻了很久，枯萎了也不肯丢。有一种友情，希望到永远，即使青丝变白发，也能心底保留”。

知己，是能够在心灵上相通，能够相互了解相互敬慕的人。知己是能够相互体谅，以心相悦、以心相伴的人。他们可能近在咫尺，也可能会相隔遥远，他们相互想念时不一定会告诉对方，但一定在心里时时牵挂。他们能互相读懂对方的每一个眼神，能明白对方每句话的含义。也不一定朝夕相处，但一定会把对方放在心里，阴晴圆缺时能给对方一个问候。

不在乎对方的相貌，也不在乎对方的身份地位，他们无须刻意隐瞒自己，能容纳对方的所有瑕疵，他们肯为对方付出关爱，能为对方舍弃自己的欢娱。

当你遇到挫折时，他会为你送去温馨的话语，用心鼓励你，给你足够的信心，做你背后坚强后盾；你感到迷惑时他能给予指点，会不厌其烦的帮助你；当你心情不好时，他不会和你一样满腹愁怨，而会用他的幽默来替你排遣烦闷，给你一片宁静的天空；当你心情愉快时，他也会把自己的快乐告诉你，送上最真心的祝福，与你共享那份喜悦；当你感到疲惫时，他愿意默默陪伴在另一边,只为给你释放压力!

知己没有相互间的占有欲;知己只有默默地奉献自己;知己就是彼此的牵肠挂肚;知己就是彼此的心领神会;知己就是一生的朋友;知己也是心灵的依恋;好知己清清爽爽!

好朋友是给你任何帮助,不用说感谢的人。是你惊扰之后,不用心怀愧疚的人。是你穷困时,对你另眼相看的人。是你步步高升,对你称呼不变的人。

最终的朋友是知己

人生难得一知己，真正的知己，是陪你走风雨的朋友，他不会放弃你，也不会离开你，就那么默默地呵护你，开心时，他锦上添花，失意时，在你空间默默，留下安慰你的话，悄悄离开的人！陪你走到最后的人，这个人就是你的知己！

他很懂你，他不会问你为什么，也不会问你怎么了，他只是默默守候在你身边，无论时间怎样流逝，他对你的友谊，都不改变，这就是知己，真诚是友谊的桥梁，信任是友谊的永远，理解是友谊的纽带，宽容是友谊的永久！希望我们成为最好的知己！

知己不是陪你走平坦路的人，知己是在你失意时为你擦干泪水的朋友，遇到了请你珍惜，珍惜每个有缘人，永远的我们，永远的朋友，永远的快乐，永远的珍惜！我虽不完美，但我懂得珍惜你，我虽不富有，但我有你真心的朋友！

相遇只是美丽，相知让人珍惜，一生的相守，无须诺言，用心呵护就可以了，相信相遇就是美好，认识你真好，你是我美好的相遇。亲爱的朋友，亲爱的兄妹，让我们用真诚，把友谊在空间升华！彼此成为最好的知己！给人生留下美好的回忆！

知己没有相互间的占有欲；知己只有默默地奉献自己；知己就是彼此的牵肠挂肚；知己就是彼此的心领神会；知己就是一生的朋友；知己也是心灵的依恋；好知己清清爽爽！

友情的真谛

一路在走,一路的风景在换,一路的朋友也在流转,陌生的变成熟悉了,熟悉的又离开了,然而离开的是不是就注定遗忘呢?

请记住,那些曾经来到你身边的,和你一起哭,一起笑的人。叫一声朋友,就是一生朋友,不管之间发生过什么,都永远是属于我们身边的那个近似亲人的位置,是她们教会了自己什么叫友情,让自己学会了承担,学会了感恩。

不管是什么样的朋友在自己身边停留,都足以让我们感激。要知道其实朋友并没有好坏之分,只不过是追求的价值观不一样而已。有时觉得志同道合,便觉得亲密无间;觉得格格不入,便觉得话不投机半句多。其实,我们没有权利要求自己身边的人都要遵循自己的轨道,因为朋友不是亲人,会无条件顺从你的任性,朋友也不是恋人,会无时无刻地牵挂着你身在何方。**朋友其实是空气,平时感觉不到她的存在,可是没有呢,就觉得手足无措。无论是你喜欢的人还是讨厌的人,她们都曾经是你的朋友,只是扮演角色的深浅高低不尽相同。**

你喜欢的人,可以说是你的死党,同盟,密友,感谢她们,是因为这些密友会分享你的快乐,分担你的痛苦,看似微不足道的关心,却洋溢着惬意的温暖。

那些你讨厌的人,你或许一想起她们的名字,就觉得骨鲠在喉,可是也是她们让你学会了容忍与退让,争取与成熟,她们并没有错,只是有些做法你不认同,可是要知道世界就是这个样子的,不如意之事十之八九,感谢她们,让自己明白了世界的现实。

喜欢听那首朋友别哭,"朋友别哭,我一直在你心灵最深处;朋友别哭,我陪你就不孤独。人海中,难得有几个真正的朋友,这份情,请你不要不在乎",请记住,不管经历了多少,即使再孤独的人也总是需要有个朋友,分享自己的快乐与难过。

一声朋友，一生朋友。朋友是一棵菩提树，净化我们的烦乱，朋友也是我们的一盏指明灯，指引我们，帮助着我们，为我们铺路搭桥。珍惜自己的朋友，即使那些让我们很伤心的朋友，也要去感激，毕竟在伤痛之中我们成熟了。

回一回头，记住那些人，招一招手，感恩那些人，抬一抬头，祝福那些人，因为朋友是一生的，永远的！

朋友的内涵

什么是朋友，朋友不是在你生气时给你鼓气打架两肋插刀，也不是在你考试不会时帮助你作弊打小抄，更不是在你遇到困难准备放弃不再努力时带你喝酒抽烟堕落到底。俗话说，忠言逆耳利于行，良药苦口利于病，朋友应该是你愤怒时告诉你气大伤身，按住你不让你冲动犯错，在你作弊时敢于不给你递纸条，考完试以后帮助你解决实际问题，当你遇到困难准备放弃甚至敢于踹你一脚，让你保持清醒的人。

真正的朋友不应该为了一时朋友的心情而听之任之，最终将会使朋友酿成大错，最终追悔莫及，甚至于抱憾终生。

要想获得长久的朋友，用真心和理性去对待你朋友所作的一切，对则勉之，错则劝止，这样不仅不会失去朋友，还会使关系更加牢固，时间更加长远。

一个人会有很多朋友，但是真正的知己却是很少。知己是能够在心灵上相通，能够互相了解对方。真正的知己不一定是夫妻 也不是能整天相互厮守的人。他们可能相隔遥远，也许会近在咫尺，他们能互相读懂对方的每一个眼神，能明白对方每句话的含义，他们无须花言巧语，也无须朝夕相处。他们不在乎对方的相貌，也不在乎对方的贫陋。他们无须刻意隐瞒自己，他们能容纳对方的所有瑕疵，他们肯为对方两肋插刀。

真正的知己能为对方舍弃所有，当你遇到挫折时，他会为你送去温馨的话语。不会说一句损你尊严的话。当你意气用事时，他会费尽心机为你摆明事理。你有了错误他绝不迁就，而会不厌其烦的帮助你。当你心情不好时，他也不会和你一般见识大吵大闹，会为你想尽一切来排遣烦闷。

当你愉快时，他也会把自己的愉快告诉你，与你共享那份喜悦。当你烦恼时，他即使正在烦恼也不会告诉你。知己没有相互间的占有欲，知己只有默默地奉献自己。

知己就是彼此的牵肠挂肚，知己就是彼此的心领神会。人生得一知己足矣！不是跟谁在一起最开心，谁就是你的知己。也不是谁在你心目中最完美，谁就是你的知己。而是在你最危难的时候谁没有背叛你，谁就是你的知己。

什么是完美，什么又是缺陷？什么是朋友，什么又是敌人？谁也说不清楚，因为人都有自私的一面，所以才有了善恶美丑。人生就是煮熟了的馄饨，你说不清我，我也说不清你。天地朦胧，世界朦胧，谁又说得清什么是知己的？

人的感情生活，除去与生俱来的亲情外，爱情和友情就像鸟儿的双翅，使人的情感能够得以飞翔和丰富多彩。在这个喧嚣、浮躁的社会，能够有几个可以称得上朋友的人相伴，那真的是太幸福的事了。但朋友二字说说容易，能够真正做彼此的朋友，却又是那么不易，更何况是知己呢。

历史上有过不少交友的故事，有郭解的刎颈之交、桃园的结义之交、伯牙子期的知音之交等等，人生真正结交一个志同道合、推心置腹、患难与共、生死相依的朋友谈何容易，也正因为如此，才有"人生难得一知己"的感叹！

朋友，也是多种多样的。玩友，棋友、球友，琴棋书画，花鸟虫鱼，乐趣相伴，然而事过境迁，如风中柳絮，聚散淡然；畏友，会时刻提醒警钟长鸣，或谆谆告诫，或指点迷津，久而久之，顿生敬畏之意；诤友，披肝沥胆，秉性忠纯，见你有错直言相斥，毫不留情，纵然撩起你的雷霆之怒，也决不后退，此友难能可贵；挚友，情投意合，患难与共，生死相依，把唯一生的希望留给你，而将危难留给自己。与之相处，无须掩饰，不必顾忌，这种朋友肝胆相照，荣辱与共，得此挚友，一生足矣！

人生真正结交一个志同道合、推心置腹、患难与共、生死相依的朋友谈何容易，也正因为如此，才有"人生难得一知己"的感叹！

真友情贵如钻石

一个二十多岁的年轻人掉到了河里，周围有两三百人，其中许多人不同程度地认识落水者，他们也急得跺脚，却想不出办法。只有一个人从人群中站了出来，“扑通”一声跳进了水里，把落水者救起。落水者的父亲要重金酬谢这位勇士，他谢绝了，他只说了一句话：“我与您儿子是朋友”。

由此可见熟人与朋友是有区别的。在短短的一生中，一个人可以拥有大堆的熟人，这些熟人甚至你很久以前就认识了，他们可以陪你打牌聊天，可以为你拉点关系、走点后门，但你无法真正走近他们的心灵，你无法要求他们在关键时候为你付出些什么。熟人只是我们生命偶尔投宿的旅店，住旅馆自然胜过露宿街头，但它是需要报偿的。

我们却只能拥有少量的朋友。真正的朋友永远是心灵上的，他们是茫茫沙漠中一泓清泉，是寒冷的冬夜里一声鸟鸣，是久雨的天空中一片绯红的晴朗，他们可遇而决不可求。朋友的获得不取决于你拥有的财富，也不决定于你猎取的官职和地位，更不会与你认识人的多少有什么联系。

一个人得意的时候，替你抬轿子、吹喇叭的肯定是熟人；失意的时候，用温言软语安慰你、递给你一方擦泪的手帕的绝对是朋友。因为只有朋友才不会考虑你活着是否可以给他带来利益，只有朋友才会想到当你被命运的巨石砸伤时，需要有人伸出一只帮助的手臂。

常听人说：“坐顺风船时朋友认识你；走下坡路时你认识朋友。”意思是人总有那么一点势利，人处在顺境和处在逆境，别人对你的态度完全不同，其实那是人们把熟人误当了朋友。真正的朋友永远像一块钻石，越是在命运的黑夜，他越会点亮自己，让自己的光芒照耀你生活的旅途。

朋友是世界送给我们的最厚重的礼物。但并不是所有的人都配得到朋友。生活中有那么一种人，他们一旦得了志，当了点小官，或发了点小财，眼

睛就翻到了天上，你把自己最后一件衬衫脱给他，他还要责备你为什么没把心肝炒了给他下酒。在他们看来，友谊不过是用来奴役别人的一种托辞，需要的时候可以装点一下门面，不需要了，就应该把它扔进垃圾堆。这种人失意的时候自然不会获得朋友的帮助，那没有什么不公平。俗话说："在家不会迎宾客，出外方知少主人。"朋友对这种人的唾弃，正说明了礼尚往来这种法则的不可逾越。

一个人得意的时候，替你抬轿子、吹喇叭的肯定是熟人；失意的时候，用温言软语安慰你、递给你一方擦泪的手帕的绝对是朋友。因为只有朋友才不会考虑你活着是否可以给他带来利益，只有朋友才会想到当你被命运的巨石砸伤时，需要有人伸出一只帮助的手臂。

友情靠时间来检验

两千多年前，孔夫子就对交友之道提出自己的标准："益者三友，损者三友。友直，友谅，友多闻，益矣；友便辟，友善柔，友便佞，损矣。"意思是说，要结交正直诚实、宽容大度、见多识广的朋友，而不要与邪门歪道的人、谄媚奉迎的人、花言巧语的人交朋友。

是的，人生苦短，朋友如金。真正的朋友不是酒酣耳热后的那些勾肩搭背之人，不是逢场作戏的虚情假意之人，不是志得意满时的如影随形之人，而是要靠时间来检验的，是大浪淘沙后的为数不多的金粒。人这一辈子要交到几个这样的朋友，是很难的，要靠攒。

东晋将军苏浚在《鸡鸣偶记》中也按不同的交往方式，把朋友分成四类，告诫世人要交那些能够互相砥砺品行、直言规劝过失的"畏友"，和以心相交、生死与共的"密友"，而不要交巧言令色、只讲吃喝玩乐的"昵友"，和只可同甘、危难时却落井下石的"贼友"。

类似的箴言还有很多。

它一方面告诉我们交友应交益友、畏友和密友，一方面也提醒我们，交友之道看似简单，其实是一件很复杂的事情。因为人心叵测，志趣性格也不一样，谁是黄沙谁是金，并非一目了然，要靠自己用心去辨别，用心去体会。即便动机端正，也可能交友不慎，以致抱憾终身。

所以，人一辈子能攒下几个真正的朋友，是一件很不容易的事，也是一件很值得庆幸的事。

回想一下，与你在各种场合互换名片的那些人，一年后还在联系的有几人？十几年学生生涯中朝夕相处的那些同学，毕业五年后你还常常想起的又有几人？春风得意时辐辏于身边的那些朋友，在你仕途落魄后还能陪你喝茶聊天的又有几人？

剩不下多少了吧？这就对了。真正的朋友一定经得起时间、金钱、得失、地位的检验，如同披沙拣金一般。也因此，那些经历过时间、时势的洗刷而“幸存”下来的几个人，才是你真正的朋友。你该像农民兄弟用一个鸡蛋一个鸡蛋攒下养老本钱那样，用心用情乃至用命去守护。

人一辈子能攒下几个真正的朋友，是一件很不容易的事，也是一件很值得庆幸的事。回想一下，与你在各种场合互换名片的那些人，一年后还在联系的有几人？

第三章 学会交朋友

有人说读万卷书不如行万里路，行万里路不如交万个友很是有些哲理。交友先不要去想结果，重在体会交友的过程，这个过程可以帮助你认识社会，认识人性，认识人生，认识事物，认识自己。她能帮助你更快的成熟起来，当然也必然会有情感的收获，这种收获不必要求太高的标准，有就行，有一点就珍惜一点，长期积累起来也是你人生的财富呀！

如果说友谊的第一个法则是它必须得到培育，那么第二个法则就是：当第一个法则被忽略时，必须做到宽容。

怎样交朋友

人的一生中，你会遇到很多不同的人，相对的有一些就会变成你的好朋友或仇人，甚至敌人。但重点是，你自己想过是什么原因会因此演变成敌人、仇人或朋友吗？其实，有一些小小的注意事项可供您参考一下，希望对您交友有帮助。

1、别以为你跟你的朋友，是那种你的东西就是我的，而我的东西是你的的关系！

告诉你：错啦，东西绝对要分清楚，不然到最后，东西坏了，要让对方赔，又觉得不好意思，所以自认倒霉，但却因此在心中会自然形成一种排斥。

2、别以为你跟你的朋友，好到不论到哪儿，都有人会开车或是请客。

告诉你：错啦，偶尔一两次，或许受得了，时间一久了，换成谁都受不了。所以出门玩之前，最好先讲好，有钱大家分摊，花费大家先缴钱玩后再清点退还，这样不仅大家玩的快乐，也可以更增加朋友间的感觉。

3、别以为你跟你的朋友，熟到连他们的厨房、房间、你都可以自由出入。

告诉你：错啦，越是好的朋友，越是要彼此尊重，因为毕竟不是自己的家，你凭什么自由进出别人的地盘？那种行为只会让人觉得你不尊重对方，否则的话，尽可能避免。别以为那没什么，对方可以早在心里把你骂到烂透啦！

4、别以为你跟你的朋友，感情很好了，所以一切都可以比较随和，就算去到对方家，不用去在乎那些礼节。

告诉你：错啦，越是好的朋友，礼节越是不能少，今天去拜访他家，一定要带点礼物，哪怕是一袋水果，所谓礼轻情意重，也就是这种道理，又所谓的礼多人不怪！切记。

5、别以为你跟你的朋友，可以好到连上个厕所都形影不离。

告诉你：错啦，偶尔给对方一点空间，让彼此去看看身边的人、事、物、回头来，彼此的视野会更开阔的！就好比你跟他每天生活在一起，换句难听的，那跟坐牢有什么差别？再怎么看，就只有我看你，你看我，大眼瞪小眼，给自己及对方有更大的空间，会让彼此成长的速度更快！

6、别以为你跟你的朋友，是那种可以互相模仿的关系。

告诉你：错啦，每个人的审美观不同，模仿久了，只会让对方倒尽味口！因为朋友他会欣赏你自己喜欢的东西，而不是模仿你、学你喜欢的东西，也因为你跟自己有所不同，他才会觉得新鲜，否则你喜欢的跟他喜欢的都一样，那就干脆自己跟自己当朋友就好啦！干嘛还找一个人来配合呢？所以，要学会懂得去喜欢欣赏对方的喜好，而不是学习！

7、别以为你跟你的朋友，是那种有难就可以离家出走逃到他家。

告诉你：错啦，或许他可以帮你一阵子，但是相同的，他也必要负责起你在他身旁的责任，久了，换成任何一个人都或觉得，我干嘛！交个朋友来自找麻烦，也会在心中产生一种厌恶感的！所以，越是好的朋友，你更要学会去体会他的心情及他的难处的！自己的难处自己担，千万不要去长久麻烦别人！人家说久病无孝子，其实也可以改成“久烦无知己”。

8、别以为你跟你的朋友，是那种常常可以腻在一起，就觉得彼此感情很好的关系。

告诉你：错啦，越是好的朋友，在一起固然会让你忘记烦恼，但是别忘了，还是要常常充实自己，让自己给对方的感觉永远是那种“新鲜”的，否则就像叫你天天都吃一样的菜，你不会吃到想吐吗？充实自己，是吸引朋友最大的主因。

9、别以为你跟你的朋友，天天都可以聊很久很久，不见面就觉得难受的。

告诉你：错啦，真正的朋友是会在你特别的节日、或生日时，都会打通电话问候你的人，不会因为不常联络就忘记你的存在的！朋友不会因为时间的距离而有所改变的！

10、别以为你跟你的朋友，是那种可以全权都托付帮你决定自己的事的关系。

告诉你：错啦，如果你常给对方这种期许，那只会让对方有成就感一阵子，久了受不了，因为他在替你下决定时，他要承担那决定后的后果，那种压力，其实比自己替自己下决定，来得更快！所以，好朋友是在你自己下完决定后,或在下决定时,从旁边给你建议的,而不是去决定你该怎么做的!

11、别以为你跟你朋友,是遇到缺钱时就会自动帮助你的关系。

告诉你:错啦,人家亲兄弟都要明算帐的!何况你是个外人,所以,更要算清楚,欠人的就该快还,别以为没什么借据就可以慢慢拖,要想想看对方是因为相信你才会借你的!难道你要自己破坏信用吗?在现实中,其实讲到钱就会伤感情,这是不可否认的!所以,越是好的朋友,钱财可不要弄的不清不楚,这可是最大最大的禁忌哦。

朋友可以一辈子,也可以因为一点小事磨擦而成了仇人,从小地方做起,越是看起来不重要的小细节,越是会影响彼此之间的友情,好好看看自己哪点没做到!别因为这一些小地方,而让你损失了一个好朋友!朋友在你的人生中,它是一种事业,需要用心慢慢去经营的!

如果说友谊的第一个法则是它必须得到培育,那么第二个法则就是:当第一个法则被忽略时,必须做到宽容。

一定要交的几种朋友

“在饮食中，我们需要从各种食材中获取不同的营养物质，交友也是如此。不同的朋友能从不同的角度帮助你，还能让你的人生拥有更广阔的视野。”澳大利亚心灵畅销书《幸福代码》的作者多米尼格·贝尔托卢齐如是说。澳大利亚临床和教育心理学家、积极心理研究所的创始人格林博士也认为，正如一个团队需要不同的角色和智慧一样，朋友圈的多样性也很重要。澳大利亚新闻网总结出的这6种朋友，是你人生中不可或缺的财富。

随叫随到的朋友。

每个人都很忙，偶尔爽约可以理解，但如果约定被一推再推，难免让我们产生挫折感。因此，我们都需要一个随叫随到的朋友，只要一个电话，他就能立刻来到你的身边，给你安慰和鼓励。这种心思简单、没有架子的朋友就像和暖的微风，给你的生活带来芬芳和甜美。同时，他们的热情也会感染你，让你也不会辜负这样的友情。

出类拔萃的朋友。

美国知名主持人奥普拉·温弗瑞曾说过，能帮到自己的朋友值得拥有。这样的朋友通常是某个领域的佼佼者，不仅能成为我们的榜样，激励我们进步，还有独到的眼光，能指出我们身上的优势和不足。

紧跟潮流的朋友。

世界瞬息万变，跟不上潮流的人会被淘汰。有一个始终站在潮流高处的朋友，能帮你开阔视野，改变僵化的形象和呆板的作风。他们呈现的新元素也将丰富你的人生。

直言不讳的朋友。

一个敢对你说实话的朋友必不可少。或许他们的话语不像其他人那样包裹着甜蜜的外衣，但当你面对危机或犹豫不决时，这种直白往往能为你抽丝剥茧，吹开迷雾。

无条件接纳你的朋友。

有一种朋友，对你无所不知。他了解你的生活、工作、情感，甚至知道你什么时候会发脾气。在他面前，你不必伪装，也不必多想。他对你的了解胜于你自己，他能无条件地接受你、支持你，就像一个没有血缘关系的兄弟。

独立于交际圈的朋友。

当你的交际圈里出现问题时，一个圈外的密友便显得珍贵。作为旁观者，他能给你更加清醒的建议，你们之间的私密关系让你能畅所欲言。

朋友之间的友谊不能勉强，她必须是来自双方的认可和努力。有人说情感的建立是缘分，有人说是巧遇，也有人说是天命。尽管种种说法都有一定的道理，但最终还少不了双方心灵的共鸣。

不宜深交的几种朋友

真正的朋友就是值得珍惜和信赖的知己,也是自己心中最信任的人。朋友是懂得感恩和回报,讲义气守信用有良心的人,朋友之间应该是相互的付出、不是索取,朋友是能够与你同甘共苦共患难的人。所以,在交友时一定要警惕,以下十类朋友不宜深交。

第一类:常说谎的朋友

人际交往中,说谎不仅是道德问题,还是策略问题,切记朋友之间,彼此信任是基石。

第二类:“两面派”的朋友

当面说好话,背后说坏话,极为伤害感情。保持对不在场者的忠诚,是一切交往的基础。

第三类:以貌取人的朋友

亚太知名企业教练陈郁敏表示,对大人物恭谦有理不难,要想考验一个人是否值得深交,就得看他如何对待平凡的小人物。

第四类:不熟装熟的朋友

交友最忌急躁冒进,明明不熟,却想勾肩搭背,对方可能马上提高警惕,甚至遭白眼。台湾爱普生公司顾问邱天元建议,初次见面交往尺度像“蒙娜丽莎式微笑”最好。

第五类:无事不登三宝殿的朋友

若是值得深交的好友,平时就要注意保持联络,让对方知道你把他(她)放在心上。有的人平时从不主动与朋友联络,一打电话就有求于人,真正需要救急时,他(她)们恐怕也很难找到雪中送炭的朋友。

第六类:不懂细水长流的朋友

真正的友谊并不像赌博那样大起大落,也不一定要有回报。认真而长久地经营,才能引发心灵共鸣。

第七类:靠“八卦”攀关系的朋友

闲聊“八卦”,某些时候的确是陌生人见面的“破冰”方法。但重要的商务交往,或者对方比较严肃,就最好废话少说,以免给人留下浮躁的印象。

第八类:客套话当真的朋友

对方热情相邀,不要急于肯定,有时对方可能只是虚晃一招。中信房屋董事长特别助理胡佩兰建议,不如过几天再试探一下“上次不是说好一起吃饭吗”,如果对方只是淡淡回应,没有主动安排,那就不必放在心上,以免“热脸贴了冷屁股”。

第九类:靠关系的朋友

关系只能在关键时刻推你一把,帮助成事,但要先等水到渠成的机会,不能把“情分”看成交往的基础。

第十类:不欠人情的朋友

朋友就要你来我往,就像“鱼帮水、水帮鱼”一样,有时互相欠点人情,反而更利于联络双方的感情。

与善人居,如入芝兰之室,久而自芳也;与恶人居,如入鲍鱼之肆,久而自臭也。

交朋友的技巧

每天，你都会和许多人擦肩而过，他们可能成为你的朋友或是知己。

朋友之间的友谊不能勉强，她必须是来自双方的认可和努力。有人说情感的建立是缘分，有人说是巧遇，也有人说是天命。尽管种种说法都有一定的道理，但最终还少不了双方心灵的共鸣。

情感和友谊能走到一起的人，不决定于时间的长短，也不决定于建立的难易，她最终决定于两个人本质的融合。无论时间长短能够轻易分开的，本身就缺乏基础；本质相同即使是瞬间融合，也可以让人终生难忘！灵魂的对话除坦诚之外还需要有共同的心灵和语言感应，否则相互理解和信任也很难建立起来。

朋友间有误会应当坦率地交换看法，不可背地诽谤；有过失应当面规劝之，在背后则应赞扬他的优点。

与善人居，如入芝兰之室，久而自芳也；与恶人居，如入鲍鱼之肆，久而自臭也。

心态平和，没有过高奢望追求，只想丰富人生；乐观开朗，不管遇到任何坎坷，只想笑对人生；爱好广泛，喜爱学习生活娱乐，只想追求人生；平等尊重，没有高低贵贱起落，只想宽慰人生；待人真诚，无论亲疏男女老幼，只想有助人生；不入俗套，所有浅交深交重义，只想净化人生；不失自我，来往事业友谊互重，只想实现自己人生梦想。

每个人都只有一只翅膀；只有两个人相互拥抱扶持，才能飞翔……

交友的范围宜稍宽泛，各种人都有最好，不必限于自己同行同趣味的。

人生的成功不在于拿到一副好牌，而是怎样将坏牌打好，当心灵趋于平静；精神便得到永恒；给自己一个微笑吧，太阳每天都是新的！

天空和大海相爱了，但他们的手无法牵在一起，天空哭了，泪水洒落在海面，即使受到惩罚，天空也要把灵魂寄给大海，从此海比天蓝。

先淡后浓，先疏后亲，先远后近，交朋友之道也。

有人说读万卷书不如行万里路，行万里路不如交万个友很是有些哲理。交友先不要去想结果，重在体会交友的过程，这个过程可以帮助你认识社会，认识人性，认识人生，认识事物，认识自己。她能帮助你更快的成熟起来，当然也必然会有情感的收获，这种收获不必要求太高的标准，有就行，有一点就珍惜一点，长期积累起来也是你人生的财富呀！

朋友间当遵守以下法则：不要求别人寡廉鲜耻的行为，若被要求时则应当拒绝之。

如果说友谊的第一个法则是它必须得到培育，那么第二个法则就是：当第一个法则被忽略时，必须做到宽容。

以势交者，势倾则绝；以利交者，利穷则散。

能媚我者必能害我，宜加意防之；肯规予者必肯助予，宜倾心听之。

有幸认识你真好真好，与你相遇虽然迟了，还好，总算没错过交汇点。多谢上帝，多谢你，给了我这个与你相遇的交汇点。

我们谁都不可能和所有人交朋友，谁也不可能没有朋友，只要耐心寻找，感情的种子总会有它生根的土壤。

交一个真正的朋友很不容易的。有些人那么容易受骗，而让人相信自己的真诚又那么不容易。是呀，人生要想找知心朋友就多点耐心吧！

与朋友交，只取其长，不计其短。

君子先择而后交，小人先交而后择，故君子寡尤，小人多怨。

博弈之交不终日，饱食之交不终月；势力之交不终年，惟道义之交可以终身。

交渊博友，如读名书；交风雅友，如读诗歌；交谨慎友，如读圣书；交滑稽友，如读传奇小说。

学会为他人着想

叶圣陶先生在教育子女要多为他人着想过举一个例子：一位父亲让儿子递给他一支笔，儿子随手递过去，不想把笔头交在了父亲手里。父亲就对儿子说："递一样东西给人家，要想着人家接到了手方便不方便。你把笔头递过去，人家还要把它倒转来，倘若没有笔帽，还要弄人家一手墨水。刀剪一类物品更是这样，决不可以拿刀口刀尖对着人家。"

是的，在生活中，当我们面对某一问题时，如果仅仅只是从自己的利益得失出发去考虑，而置别人于不顾，往往就会失之偏颇，甚至伤害他人。凡事设身处地，换一角度为他人着想，原本疑惑不解的问题也好，都可能会变得豁然开朗并迎刃而解。为他人着想，本身就是一种修养，是一种素质，更是一种睿智的体现。一个人不要心生嫉妒，不要以小人之心度君子之腹，心善为本。

读过这样一则故事：一个盲人走夜路，手里总是提着一盏照明的灯笼。人们很好奇，就问他："你自己看不见，为什么还要提着灯笼呢？"盲人说："我提着灯笼，既为别人照亮了路，同时别人也容易看到我，不会撞到我，这样既帮助了别人，又保护了自己。"这则故事告诉我们，遇到事情一定要替别人着想，替别人着想也就是为自己着想。替别人着想，是一种胸怀，一种博爱，更是一种境界。

哲学家莫尔在《乌托邦》一书里说过，金银远远赶不上铁的用处大，道理很简单，为他人着想的人，即便自己给出的只是铁，于别人来说则会成为金。正所谓："送人玫瑰，手有余香。"一句真心的话，一个安慰的眼神，也会成为别人成功的动力。**为他人着想，其实也是一种责任，也是一点一滴的小事的体现，关心别人，时时为别人着想，在关键之时，伸出援助之手帮助他人，这是每个人应尽的社会责任。要学会把爱送给每一个人，并以此为快乐。**

孔子说过："己所不欲，勿施于人"，意思是说不要把自己不喜欢的事情强加而别人，而是要设身处地地为别人着想，也就是要多为别人着想。所以一个人要学会为别人着想，就好比你种了一盆花，经过细心照料，花儿开了，它回报你的不仅是五彩的斑斓和满目的生机，它带给你的，更是一片春天。所以人活在世上，不要只为自己着想，不要只图自己一时之快，而去伤害别人；不光要有索取，还要有爱心，社会才会变得温馨和美，人与人之间才会显得温暖如春啊！

为他人着想，本身就是一种修养，是一种素质，更是一种睿智的体现。一个人不要心生嫉妒，不要以小人之心度君子之腹，心善为本。

如何安慰你的朋友

我们处在一个物欲横流容易迷失的时代。生活中，时常会有朋友一个电话打来倒苦水；或突然出现在自己的所在地，提出让你陪他(她)去喝一杯走一走……向我们流露出他们潜在的需要安慰……

我们要如何更好的帮助朋友？下面我将从心理学的角度分析、并给出一些建议和可行性办法，希望对你和你的朋友有所帮助。

要倾听对方的苦恼

由于生活体验、家庭背景、所受的教育等不同，形成了每个人对于苦恼的不同理解。因此，当试图去安慰一个人时，首先要理解他的苦恼。

安慰人，听比说重要。一颗沮丧的心需要的是温柔聆听的耳朵，而非逻辑敏锐、条理分明的脑袋。聆听是用我们的耳朵和心去听对方的声音，不要追问事情的前因后果，也不要急于做判断，要给对方空间，让他能够自由地表达自己的感受。

聆听时，要感同身受，对方会察觉到我们内心的波动。如果我们对他的遭遇能够"悲伤着他的悲伤，幸福着他的幸福"，对被安慰者而言，这就是给予他的最好的帮助。

要接纳对方的世界

安慰人最大的障碍，常常在于安慰者无法理解、体会、认同当事人所认为的苦恼。人们容易将苦恼的定义局限在自我所能理解的范围中，一旦超过了这个范围，就是"苦"得没有道理了。由于对他人所讲的"苦"不以为然，因此，安慰者容易在倾听的过程中产生抗拒，迫不及待地提出自己的见解。因此，安慰者需要放弃自己根深蒂固的观念，承认自己的偏见，真正站在对方的角度去看他所面临的问题。

心理学名言"放下自己的世界，去接受别人的世界"，就是这个道理。最好的安慰者，是暂时放下自己，走入对方的内心世界，用他的眼光去看他的遭遇，而不妄加评断。

要探索对方走过的路

安慰者常常会感到自己有义务为对方提出解决办法。殊不知，每个被苦恼折磨的人，在寻求安慰之前，几乎都有过一连串不断尝试、不断失败的探寻经历。所以，我们所要做的就是，探索对方走过的路，了解其抗争的经历，让他被听、被懂、被认可，并告诉他已经做得够多、够好了，这就是一种安慰。

安慰并不等同于治疗。治疗是要使人改变，借改变来断绝苦恼；而安慰则是肯定其苦，不试图做出断其苦恼的尝试。实际上，在安慰人的过程中，所提供的任何解决方法都很可能会失灵或不适用，令对方再失望一次，故而不加干预、不给见解，倾听、了解并认同其苦恼，是安慰的最高原则。

另外，陪对方走一程也是一种安慰。对方会在你的陪伴下，觉得安全、温暖，于是倾诉痛苦，诉说他的愤恨、自责、后悔，说出所有想说的话，当他经历完暴风雨之后，内心逐渐平静下来，坦然面对自己的遭遇时，他会真心感谢你的陪伴，也觉得是靠自己的力量走过来的。

我们所要做的就是，探索对方走过的路，了解其抗争的经历，让他被听、被懂、被认可，并告诉他已经做得够多、够好了，这就是一种安慰。

让别人成为你的朋友

每一个人都希望自己能获得朋友，都希望友谊像温暖的阳光一样照耀在自己的心上。但不是每个人都能得到很多的朋友，只有那些懂得交际技巧的人才能迅速地结识更多的朋友。

一、率先伸手，争取主动

要想让一个人尽快与自己从陌生走向熟悉进而成为朋友，就首先要丢弃你的“冷落”态度，率先发出你对他人的友好信号，因为处于主动地位的人总是比处于被动地位的人容易得到朋友。同时也要克服你的“怯场”心理——怯场心理同样会让你“出手”被动。此时要想到，你在别人面前是陌生的，别人在你面前同样也是陌生的，其心理和你是一样的——渴望得到友谊而又感到有些拘束。在这种情况下，如果你首先积极主动地伸出友谊之手，你就在使对方成为你的朋友上成功了一半。

二、自然微笑，沟通感情

善于交际的人在人际交往中的第一个动作就是表情中的微笑，微笑在人际交往中有亲和的作用。美国著名喜剧大师博格就有一句名言：“笑是人与人之间的最短距离。”香港凤凰卫视的著名主持人吴小莉就是一位人人称道的微笑使者，她常说自己的人生哲学是永远的笑脸。从中我们可以看出，**在与对方交谈时，从轻松自然的微笑开始，对方会被你热情的笑所感染，也会自然而然地以热情之心回报给你。**

三、放松情绪，树立信心

有些人往往会因为怕交际失败而心情紧张，这对成功交际是极其有害的。正确的做法是放松心情，树立起信心，大大方方地去交往，比如试着问对方有什么爱好、夸赞对方着装得体等，先引出话题，使交谈进入到一种活泼、愉快、轻松的氛围中。只要做到了这一点，对方自然而然地会亲近你，认为你是一个随和的人。别人对你有了认同感，你的心情也就自然会更轻松，也就自然会更有交际成功的信心。

四、真诚相待，赢得真心

结交朋友，贵在真诚，它是获得真正友谊不可缺少的一种优秀品质。因为只有真诚了，别人才能了解你，才能知道你是否值得结交，也只有付出真诚了，别人才能对你真诚、向你袒露自己的心扉。正如一位社交广泛的朋友所说："我在与别人交往时，绝对不会给对方虚伪的言行，因为那种行为别人一看便知，它是一种感觉——感觉到你不真诚，谁还敢与你结交呢？你只有尊重别人，相信别人，别人才能相信你，从而与你交心。"

五、留下地址，腾出时间

与别人进行愉快交谈后，如果可能的话，最好留下你的联系地址和电话，为以后进一步深交做准备。因为在交谈的当儿，别人可能时间很紧促，没有更多的时间了解你。这样，即使别人对你有好的第一印象、想与你交往，也可能因心有余而时间不足而"忍痛割爱"，这岂不可惜？而留下联系方式后，就为友谊腾出了一个"周转期"，这样别人若有意的话，自然会找个理由问候你。如果对方给你留下了联系方式，你最好是主动问候对方，"节日好""工作好吗"等问候语会让对方感到"这个人很关心我"，从而认为你是一位值得结交的人。

只有真诚了，别人才能了解你，才能知道你是否值得结交，也只有付出真诚了，别人才能对你真诚、向你袒露自己的心扉。你只有尊重别人，相信别人，别人才能相信你，从而与你交心。

交友之道

人生在世，如果能交到几个志同道合的知心朋友，的确是一大幸事。有困难的时候彼此分担，有快乐的时候共同分享。

然而，朋友之间的关系过分亲密，到了不分你我的亲近程度，日后一旦产生摩擦，猫脸变成狗脸，就会出言不逊，明争暗斗，互揭对方的老底，把往日的交情一笔勾销，从此形同陌路，这种结果会令人感到糟糕透顶。

怎样才能保持朋友之间友谊的长久呢？与朋友相处，特别是好朋友之间，需要掌握好分寸、火候、若即若离、时隐时现。如果朋友正在承受不幸，请你马上过去；如果朋友正在享受幸福，请你悄然离去。

曾经有人这样说过："一个人处于贫困或遭遇各种不幸时，朋友可以说是一个避难所。"朋友对于血气方刚的年轻人来说，有助于防范鲁莽的错误；朋友对于老年人来说，有助于弥补因衰老引起的各种不足；朋友对于中年人来说，则有助于去完成人生的各种艰难险阻。

患难与共，朝夕相处的朋友，只要你有了错误，朋友就会毫不吝啬的给你做出指正，当你有了成就，他就会不失时机地给你以赞美。岁月的更替，不会减少你们之间坦诚不公的交流，风云突变的来临，挡不住你们久而弥坚的真情。

无论你在天南海北，也不管是大官与平民，谁都渴望能有一位心心相印、至死不渝的朋友。

孔子说："有益的朋友有三种，有害的朋友也有三种。同正直的人交友，同诚信的人交友，同见闻广博的人交友，这是有益的；同惯于走歪门邪道的人的交朋友，和善于阿谀奉承的人交朋友，与喜欢花言巧语的人交朋友，这是有害的。"

人们不仅要广交朋友，而且还要谨慎交友。在自己犯有过失的时候，能有人好言规劝，在和人们的日常交往中，朋友能诚实守信，当自己遇有疑问的时候,能有朋友以其渊博的才学为我们答疑解惑,交到这样的朋友,对自己的人生,对事业都是百利无一害的。相反,自己的身边如果都是那种见风使舵,花言巧语,投机钻营的“朋友”,于己于家于国,都是百害而无一利的。

唐朝的刘禹锡、柳宗元、王叔文三人是好朋友,王叔文犯事之后,刘禹锡与柳宗元一同遭贬,刘禹锡被贬到播州,柳宗元被下放到柳州,柳宗元说:“播州不是人生活的地方,刘禹锡的双亲还健在,如果一起搬到那贫瘠的地方,他的父母还能活下去吗? 我愿意拿柳州来换播州。”后来由于柳宗元的再三请求,刘禹锡被贬到别的地方去了。

名满天下的文人不光文章写得好,做人也很讲义气,假如人人都能遇到这种肝胆相照,荣辱与共的朋友,那该多美啊!

武则天时代,酷吏周兴与来俊臣是一对臭味相投的狐朋狗友,二人沆瀣一气,狼狈为奸。后来有人揭发周兴阴谋造反,武则天便命令来俊臣负责审理此案。

一日,来俊臣邀请周兴到府上做客,酒过三巡,菜过五味,来俊臣摆出一副求教的姿态,周兄:“小弟有一事请教,还望老兄不吝赐教,有囚犯不愿意招供,您有何高招?”

周兴喝了一杯酒,说:“这再容易不过了,找来一个大瓮,里面倒上油,下面加上炭火,烧得旺旺的,把囚犯投入大瓮,还有什么不招的呢?”

闻听此言,来俊臣终于看清了周兴的狰狞面目和狼子野心,心中也有数了,看着大瓮里的滚滚油烟,来俊臣慢条斯理地说:“周兴,你知罪吗? 皇上密令我来审讯你,现在就请您到瓮中去享受吧!”

周兴吓得屁滚尿流,赶忙叩头认罪,武后下旨诛杀周兴的同党,并将他发配岭南充军。武后利用来俊臣与周兴的这种所谓的“朋友”关系,以毒攻毒,自相残杀,手段何其高明,后世的人,再遇到这种“朋友”时,怎能不小心谨慎呢?

常言道;“君子之交淡如水,小人之交甘若醴。”真正的朋友关系应该是细水长流,常来常往,这种感情是以诚相待,是情义无价的,而不是投桃报李，各取所需的。

所以，正常的朋友关系必须保持适当的距离，不能过分亲密，只有这样才会给自己，同时也给对方，留下回味的余地。

交到好的朋友，对自己的人生，对事业都是百利无一害的。相反，自己的身边如果都是那种见风使舵，花言巧语，投机钻营的“朋友”，于己于家于国，都是百害而无一利的。

没有“永远”的敌人或朋友

没有永远的敌人，也没有永远的朋友；敌人会变成朋友，朋友也会变成敌人。如果你能秉持这种观念，何愁没有朋友呢？何愁没有朋友的助力呢？

俗话说：“在家靠父母，出外靠朋友。”的确，在社会上行走，如果一个朋友都没有，绝对不可能成大事。虽然朋友多并不一定能成大事，但朋友多却是成大事的条件之一，所以在社会上行走，你要尽可能多地交朋友。

当然，你所交的也有可能是坏朋友，但如果因为怕交到坏朋友而不交朋友，那么连交到好朋友的机会都会失去。而这种过度防卫的心理，也会使你原有的朋友离你而去，到最后可能变成一个朋友都没有！

事实上，朋友的好或坏很难说，绝对好或绝对坏的不多，总是有好有坏，全看你怎么和他们相处。只要你守住自己的底线，近墨者也未必就黑。无论如何，多交朋友这件事绝对是利大于弊的。

那么，怎么多交朋友呢？一般人交朋友是通过工作关系，以及朋友的介绍，这是比较正统的方法，但不太容易交到别的行业以及层级不同的朋友，而且交到的朋友较为有限。

因此，你要扩大交友的圈子就得主动出击，而不是靠别人上门来和你做朋友！不断认识新的朋友，有了新的朋友，好好经营彼此的友谊，对你绝对是有好处的，说不定你的事业就是从这里开始的呢！

大部分人交朋友都方式不佳。因为他们交朋友有太多原则。例如看不顺眼的不交、话不投机的不交、有过不愉快的不交！

有原则地交朋友也没有什么不好，但是在待人处世中，实在有必要把条件放松一点。不过这里指的是广义的朋友，因为普通朋友和知己朋友还是要有所分别的。

几个交友的小窍门：

1. 没有不能交的朋友。你看不顺眼或话不投机的人并不一定是小人，甚至他们还有可能是对你会有所帮助的君子，你若拒绝他们，未免太可惜了。

你会说，话不投机又看不顺眼还要应付他们，这样做人太辛苦了。虽然是很辛苦，但你就是要有这样的功夫，并且不会让他们感觉你在应付他们。要做到这样，只有敞开心胸，别无他法。

2. 相逢一笑解千仇。某人得罪过你，或你曾得罪过某人，虽说不上彼此成仇，但心底确实不愉快。

如果你觉得有必要，可主动去化解僵局，也许你们会因此而成为好朋友，也许只是关系不再那么僵而已，但至少你少了一个潜在的敌人。这一点相当难做到，因为就是拉不下脸来。

其实只要你愿意做，你的风度会赢得对方对你的尊敬，因为你给他面子了。如果他还是高姿态，那是他的事！不过，要化解僵局要看场合和时机，不要太刻意，酒席上、对方离职时、升官时最好，也就是交朋友总是要有借口。

3. 改变不是敌人就是朋友的观念。有些人难道不是朋友就是敌人吗？这样子做会使敌人一直增加，朋友一直减少，最后使自己孤立起来。应该改变不是敌人就是朋友的观念这样朋友就会越来越多，敌人就会越来越少！

没有永远的敌人，也没有永远的朋友；敌人会变成朋友，朋友也会变成敌人。这是社会上的现实。当朋友因某种缘故而成为你的敌人时，你不必太忧伤感叹。因为有一天他有可能再成为你的朋友。有这样的认知，就能以平常的心来交朋友。

4. 放下身份。身份是交朋友的一大阻碍，也是树敌的一个原因，你千万不要以为你是博士，就不去理会一个环卫工人，在交朋友的弹性这件事上，这种身份上的优越感会使你交不到朋友。

如果你仔细地去观察成功者，会发现他们有一个共同点，那就是他们的人际关系都很广泛。只有拥有了广泛的人际关系，才能建立起一个庞大的信息网，因此就比别人多了一些成功的机遇。

美国前总统克林顿能够成功地赢得竞选，与他拥有广泛的人际关系是分不开的。在他竞选过程中，他拥有的高知名度的朋友们扮演着举足轻重的角色。这些朋友包括他小时在热泉市的玩伴、年轻时在乔治城大学与耶鲁法学院的同学及后来当罗德学者时的旧识等。他们为了克林顿能够成功，四处奔走，全力地支持他。所以克林顿就任总统后不无感慨地说，朋友是他生活中最大的安慰。

根据《行销致富》一书作者史坦利的说法："成功是一本厚厚的名片簿，更重要的是成功者广交朋友的能力，这或许便是他们成功的主因。"如果想成功，就必须有一个好的人际圈子，平时要注意积累人脉，要知道一个人的能力有限，是很难完成自己的事业的。

只有注意平时积累人脉，关键时刻才会有人愿意帮你，不断地给你提供各种资源，你才能得到更多的成功机会。

第四章 君子之交淡如水

世上最珍贵的不是财富，而是一份真挚的情谊。因为财富并不能永久，而朋友却是一生难得的知己。友情是鲜花，令人欣赏；友情是美酒，使人陶醉；友情是希望，让人奋发；友情是动力，催人前进。友情的世界因无私而纯洁，多彩的空间因朋友的祝福而温馨，不因忙碌而疏远，更不因时间的冲刷而遗忘。

好朋友不论身在何处，都会时时付出关爱，好朋友简简单单，好朋友清清爽爽，好朋友越交越真，水越流越清，世间的沧桑越流越淡。好朋友是一本书，指引你走过人生最迷茫的那段时光。

有种友情很平凡

朋友是人生旅途中不可缺少的伴侣，人生不能没有朋友，也不能随意地交朋友，真正的朋友是良师益友。

好朋友是人与人之间，最美好的情感，关山难阻隔，岁月扯不断，不会随着时间的流逝而淡忘。好朋友是你最不容易忘掉的一个人，当你痛苦的时候，最希望要找的人。好朋友不论身在何处，都会时时付出关爱，好朋友简简单单，好朋友清清爽爽，好朋友越交越真，水越流越清，世间的沧桑越流越淡。好朋友是一本书，指引你走过人生最迷茫的那段时光。

好朋友贵在真诚，贵在持之以恒，更重要的是朋友之间，要相互理解与宽容。朋友是人类情感中，最坚实的，最朴素的，最平凡的友谊。你可以没有爱情，但不能没有友情，人生如果没有朋友，生活无味，友情无时无刻不存在于，我们的生活之中，是我们共同度过一生的情缘。

世上最珍贵的不是财富，而是一份真挚的情谊。因为财富并不能永久，而朋友却是一生难得的知己。友情是鲜花，令人欣赏；友情是美酒，使人陶醉；友情是希望，让人奋发；友情是动力，催人前进。友情的世界因无私而纯洁，多彩的空间因朋友的祝福而温馨，不因忙碌而疏远，更不因时间的冲刷而遗忘。

好久没有联络，并不是距离远了。好久没有消息，并不是关心没了。从成为朋友那刻起你就不曾远离，就注定扎根在我心里。其实朋友就是这样，无须想起，因为从未忘记，一辈子有多长我不知道，这条路有多远也并不重要，就算陪你走不到天涯海角，我却珍惜有你做我朋友的每一秒！有一种友谊虽然平凡，却让人珍惜。人与人之间的一种相互亲近、相互关心、相互支持、相互帮助、相互依恋的关系，称之为友谊。朋友交心，交而知心，心心相印，方知心的高尚。

人的一生难得有几个知心朋友，友谊如船，载着我们走向成功的彼岸。

友谊是什么？如果说友谊是一棵常青树，那么，浇灌它的必定是出自心田的清泉；如果说友谊是一朵开不败的鲜花，那么，照耀它的必定是从心中升起的太阳。友谊和花香一样，还是淡一点的比较好，越淡的香气越使人依恋，也越能持久。

人与人之间的一种相互亲近、相互关心、相互支持、相互帮助、相互依恋的关系，称之为友谊。朋友交心，交而知心，心心相印，方知心的高尚。

朋友的定义

朋友像一本日记，你可以把心里话都写进去，乐时共醉，悲时同泪，真正的友谊是心的交流，有缘为朋友，有心为知己，人最感动的时刻，来自被朋友想起，最美的时刻，源于想起朋友，没有约定，却有默契，无论人在哪里，美好的祝福永远在你身边，愿你时时都开心幸福。

好朋友简简单单，好友情清清爽爽，好缘分久久长长，好心情时时相伴！以真诚为半径，以尊重为圆心；送你一份祝福：愿爱你的人更爱你，你爱的人更懂你！

心底有个朋友，心情就会飞翔；心中有个希望，笑容就会清爽；人生有个缘分，梦想就会绵长；时常有个问候，友谊就会启航。祝您和您爱的人和爱您的人；幸福、安康、快乐！

无论时光如何绵延，让真诚永远；无论世事如何变迁，让理解永远；无论咫尺还是天涯，让美好永远；无论快乐还是忧伤，让祝福永远！

对待朋友的做人准则：要道歉，也要道谢；要知错，也要改错；要体贴，也要体谅；是接受，不是忍受；是宽容，而不是纵容；是难忘，而不是遗忘……

正是因为有了友情，我们才能感受到人与人之间的温馨。我们的内心仿佛是一只因常常积满忧虑和无奈而倍感沉重的杯子，只有那些为了友情而伸给我们的双手，才愿意真诚地为我们倒空这只杯子，还她快慰和轻松。

生命中来往的朋友

生命中总有许多来来往往的人，就像我们走路时马路上那些过客，有与我们背道而行的，也有与我们走向同一个方向的。

与我们背道而行的，也许我们转瞬即忘，岁月的风，会把他们吹到我们记忆的边缘，甚至是我们的记忆之外。

也许，在生命中的某一天里，我们也还会偶尔地想起一些模糊的影子来，但也只是偶尔地想一下而已，他们在我们身后，已离我们越来越远。即使他们因为某些原因又重新折回来，可因为我们已相隔得太远了，也早已无法追得上。

那些与我们同行的，有的与我们擦肩而过，有的也许会陪我们走一段距离。但时间都不会太长，人生的道路上岔道太多，在每一个路口，我们的选择都会不同。你选择了这条路，他选择了那条路，于是，只有分手。新的道路上，当然还会有新的同行者，可也同样还会有新的岔路口。

正是因为有了友情，我们才能感受到人与人之间的温馨。我们的内心仿佛是一只因常常积满忧虑和无奈而倍感沉重的杯子，只有那些为了友情而伸给我们的双手，才愿意真诚地为我们倒空这只杯子，还她快慰和轻松。

正是因为有了友情，我们才能更加感受到做人的尊严和光荣。我们的内心仿佛是一本很厚很厚的书，只有那些和我们的心灵撞出了友情之火的心灵，才会愿意打开这本厚书仔细地阅读和真诚地评注。通过他的评注，我们明白了哪些是该删除的文字；通过他的评注，我们知道了该怎样才能用自己的生命之笔创造出不朽的杰作。

在这个世界上，一想到除了亲人之外还有人在关心着我们的灵魂，我们的心灵怎能不燃烧？一想到除了亲人之外还有人在关注着我们的精神世界，这怎能不使我们感到快乐和幸福？一想到除了亲人之外还有人为我们的失败和成就而叹息和祝福，这怎能不使我们感到骄傲和激动？亲情是来自血缘，而友情却是来自苍茫人海中的一种美妙的机缘，来自于对彼此荣与辱的分享和分担，来自彼此对对方人格的尊重和对内心的理解。

友情的根是植于高尚的精神，而不是植根于低俗的利欲；友情是彼此为对方吹响的鼓舞前进的号角，而不是相互利用的工具；友情是彼此为对方美好的情操而唱的赞歌，而不是相互间的哄骗和吹嘘；友情是为了使朋友之间成为彼此的纯洁品行的一面镜子，而不是为了使彼此成为对方恶行的帮凶……

拥有了友情，就如青山拥有了奔腾的小溪；拥有了友情，就如帆船拥有了顺风；拥有了友情，干渴的旅行者拥有了清泉；拥有了友情，在这个世界上，我们的灵魂就不再是形单影只；拥有了友情，就会有人在我们成功的时候穿过嫉妒的人丛为我们献上一束鲜花，在我们失败痛苦的时候为我们抚平伤痕。

亲情是来自血缘，而友情却是来自苍茫人海中的一种美妙的机缘，来自于对彼此荣与辱的分享和分担，来自彼此对对方人格的尊重和对内心的理解。

别淡忘了友情

生活在这个快节奏的都市里，每天我们都与认识的和不认识的人擦肩而过。老朋友一个个匆匆地走了，走出了我们的视线，也走出了我们的生活。同样，一个个新的朋友又走进了我们的视线，走进了我们的生活。

送走了故人，又迎来了新人，生活就这样不断地重复上演同样的剧目。对此，我们的心是否一直无动于衷。当夜深人静独自品尝寂寞滋味的时候，是否会有某一个曾经熟悉的人在我们一颗快要麻木了的心里一下子鲜活地蹦出来。也许，是都市冷漠了我们一颗曾经炙热的心，又或许是我们将自己的一颗心冰冻之后冷藏，最后就只剩下麻木了。

很多时候我们只顾着眼前的生活，应付着每天生活在我们周围的人或事而忽略了很多人的存在。就这样，一个个我们所熟悉的朋友、同事、甚至是我们的亲人在不知不觉间淡出了我们的生活而全然不知，我们在高唱“结识新朋友，不忘老朋友”的同时却在又在不经意间淡忘了很多曾经最熟悉的人，我们时常挂在嘴边要学会珍惜的同时却又在遗忘，遗忘一些人、一些事，这也许就是我们共同的悲哀吧。

朋友间的相互关心是需要抽个空的，而朋友间的相聚，只需一杯红茶、几句实在的贴心话，就胜过了穿肠而过的烈酒。

心底有个朋友，心情就会飞翔；心中有个希望，笑容就会清爽；人生有个缘分，梦想就会绵长；时常有个问候，友谊就会启航。祝您和您爱的人和爱您的人幸福、安康！

朋友是旅途中的驿站

我喜欢朋友这个词汇！使我在生命的旅程中，在风雨飘摇的时候，不那么孤独寂寞！

人生中那无色无味又悄无声息的悲哀是寂寞。它不够涩，却够苦恼，仿佛灰寒的天空落着一根飘飘坠坠、气若游丝的羽毛，寂寞无穷无尽。

朋友，常常是在万籁俱寂、风清月朗的夜晚。窗帘儿轻轻被风掠起，朋友的谈吐举止，尤其是那悠悠深邃的眸子荡着涟漪，或脉脉含情，或活泼愉快，随着潮汐般的月光一起倾泻进来，于是眼前便分明坐着久违了的朋友，或兴奋激动地讲述相逢时的感受，或娓娓动听地叙说着分别后的岁月里所发生的故事，或一起畅想、憧憬着美好生活的未来。

朋友，常常是在雪花飘飘洒洒的时候，一个人惬意地走在被洁白飘舞着的雪花包围的世界里，一片片雪花，就像是朋友的一封封书信，像是朋友的一声声问候，飘在眉宇间，化在掌心里。恍惚间，像是看见有一条苍龙在雪原上遨游，时而腾挪于深渊，时而直冲云霄，朋友们见此载歌载舞，喜着这雪，爱着这雪。一时便觉着，想念朋友其实是一种美的享受，因为所有的寂寞此时已化作无与伦比的美妙境界了。

朋友，有时是代表着一种豪情，一种氛围，即使是萍水相逢、转瞬即逝的朋友，只要心地都是那么纯真善良，都是那么趣味相投且充满了关爱与帮助，于是那相逢时的环境、天气、色彩，甚至当时心里细微的感触，都会浓墨重彩、浅淡各异地刻印在记忆画廊的深处。

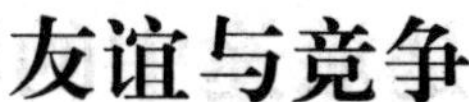

友谊与竞争

友谊可以促进竞争。当朋友间存在竞争时,应互帮互助,共同进步,这才是真正友谊地体现。

若两个人因竞争而反目成仇,互相利用,互相陷害,那么他们二人绝对不是朋友,存在的也不是真正的友谊。如果因竞争而失去了友谊,那么他所失去的远比得到的多。朋友间友谊的见证,可以使竞争减小压力,可以使竞争降低难度,可以使竞争者增强信心。面对竞争,朋友之间并肩作战,其利无穷。竞争是残酷的,而友谊是温暖的。一切冰遇热会消逝,一切严冰遇阳光总会融化。

竞争的风帆在友情的海洋里,可以乘风破浪,奔至彼岸。而风帆失去了海洋,无法航行;海洋失去了一只风帆,依旧会有其他帆船。

竞争是短暂的,而友谊却可以长久。长久的友谊,可以暖人长久;而短暂的竞争,除了短暂的胜利喜悦,就是"恼人"的失败体验,无法暖心,却可能寒心。但是,并不是只要友谊不要竞争。

当今社会,逆水行舟,不进则退。没有竞争,就无法立足于社会。俗话说,团结就是力量。有了力量,就有了竞争的本钱。而力量可来自团结,团结则建立在友谊的基础上。所以,友谊可以铸就竞争的成功。

对于友情,我们不要求为对方两肋插刀,不要求为对方赴汤蹈火,只要困难时能够帮助一下,痛苦时能够倾诉苦衷,快乐时能够共同分享,就足够了。

淡淡的友情

有一种朋友，那是一种介乎于爱情与友情之间的感情，你会在偶尔的一瞬间默默地想念他，想起他时，心里暖暖的，有一份美好，有一份感动。在忧愁和烦恼的时候，你会想起他，你很希望他能在你的身边，给你安慰，给你理解，而你却从没有向他倾诉，你怕属于自己的那份忧伤会妨碍他平静的生活。

你会因为一首歌曲，一种颜色，想起他，想起他的真挚，想起他的执着，想起他那曾经一起经历过的风风雨雨。

因为有了这样一个朋友，你会更加珍惜自己的生命，热爱自己的生活，因为你知道他希望你过得很好，他希望你能好好地照顾自己，再见面时，他希望你能告诉他你很幸福。

那些世俗的观念，在你的心中，因为他的存在而变得苍白无力，你只是在心底深处为这个人设置了一处小小的空间，静静地固守着那份美好的回忆，从一开始你就知道，在你们之间不会有什么爱情，似乎谈起爱情就亵渎了这份情感，这只能是一种友情。这到底是怎么一回事呢？你想了许多年，却始终没有头绪。

你们很少联络，在这长长的一生中，你们相聚的时光也许只有几万分之一，但是在彼此的心中都保留了一份惦念，一份嘱咐，就算他去到天涯海角，就算过了许多许多年，就算再见面时，早已是人非物亦非了，你仍然会那样深刻地记着这样一个人，这已经足够了。

生活有时候平静的会像一口枯井，也许你也会掉进这口枯井里去，也许你没有什么天荒地老、海枯石烂的爱情，也许华发早生、满鬓苍白，但是有了这样的一位朋友，在你的生命中就会有些许涟漪，些许色彩，你想着他。默默地记起他，也许此生此世都不会忘记了。

你很感激在这个世界上，有这样的一个人，他不在你的身边，他也并没有为你做些什么，你却希望，他会过得很好，长命百岁，子孙满堂，幸福安康……

你也很高兴有过那样的一份感情，纯净而又绵长，在这纷繁复杂的人世中，有这样的一个朋友，值得你去祝福，去思念……

生活有时候平静的会像一口枯井，也许你也会掉进这口枯井里去，也许你没有什么天荒地老、海枯石烂的爱情，也许华发早生、满鬓苍白，但是有了这样的一位朋友，在你的生命中就会有些许涟漪。

忘记无心的伤害

阿拉伯传说中有两个朋友在沙漠中旅行,在旅途中他们吵架了,一个还给了另外一个一记耳光。

被打的觉得受辱,一言不语,在沙子上写下:“今天我的好朋友打了我一巴掌。”

他们继续往前走。直到到了沃野,他们就决定停下。被打巴掌的那位差点淹死,幸好被朋友救起来了。

被救起后,他拿了一把小剑在石头上刻了:“今天我的好朋友救了我一命。”

一旁好奇的朋友问说:为什么我打了你以后,你要写在沙子上,而现在要刻在石头上呢?

另个人笑笑的回答说:当被一个朋友伤害时,要写在易忘的地方,风会负责抹去它;相反的如果被帮助,我们要把它刻在心里的深处,那里任何风都不能抹灭它。

朋友的相处伤害往往是无心的,帮助却是真心的,忘记那些无心的伤害;铭记那些对你真心帮助,你会发现这世上你有很多真心的朋友……

俗语说:你只需要花一分钟注意到一个人,一小时内变成朋友,一天让你爱上他。

一旦真心爱上……

你却需要花上一生的时间将他遗忘,直至喝下那孟婆汤……

朋友呀!当你看到这里,你是否有一点启示呢?

在日常生活中,就算最要好的朋友也会有摩擦,我们也许会因这些摩擦而分开。

但每当夜阑人静时,我们望向星空,总会看到过去美好回忆。

不知为何，一些琐碎的回忆，却为我寂寞的心灵带来无限的震撼！
就是这感觉，令我更明白你对我的重要！
在此，我希望你能更珍惜你的友情。

君子之交淡如水，不需要酒肉，也不必温柔，更不该反目，君子之交淡如水就是心平气和而已。

平淡才长久

君子之交淡如水，淡而无味，淡而长久，单薄才会浓厚，无味才会甘美。清淡、自然、平常才会淡而不厌，久而不倦。一杯白水，能让你意切深长，品位有高低，这是相对而言，俗话说："斯是陋室，唯吾德馨。"难道你全身名牌就是品味高，说不定是一身的铜臭味！

怎么样去品味人生是一回事情！好话说尽，坏事做尽，天下无道。历史总是无情的：花言巧语，哗众取宠，弄权玩术，文过饰非，虽能高论惑人，愚弄一时，终不能长久的。

淡而无味，淡而长久，淡为做人之本，品茶品淡，为何？淡为一切之本，是本质，在淡的基础上你去发挥出其他的东西而已。不过，当你人生遇挫时，回到原点也是个不错的方法。以最朴实，淳朴的方法来解决问题，也达到了淡了长久之境界！保持淡然之情，会有长久的感情！

小人之交酐如醴，其后果大多数解散！就像米酒虽甜，日子一久，就发酸，败坏了。我们需要那份淡然却可以保持很久，好话说尽，坏事做尽，天下无道。历史总是无情的：花言巧语，哗众取宠，弄权玩术，文过饰非，虽能高论惑人，愚弄一时，终不能长久的。

唯有淡味可保持永久，朋友之间需要这淡味，来保持深刻的友谊。

"朋友"，不想用任何词去装饰它。没有理解的，用再多再好的词来形容它，还是不理解；而理解的，这两个字已足够。善于交友，广交朋友等词中的朋友我想都不能称之为朋友，其中或多或少附带着功利的目的，为的就是那句话，"多条朋友多条路"。而真正的朋友，是不抱任何功利目的，不求任何利益的，很多人都说，朋友是你哭的时候陪着你哭，你笑的时候陪着你笑，有烦恼的时候可以静静地听你诉说，有困难的时候义无反顾地帮你的人。不可否认，这种人是值得相识的，但是却应该反省自己是否够资格做这种人的朋友，如果我们真的拥有一个朋友，真的有烦恼或者有困难，我们不愿意去打扰朋友，不愿意去请求朋友的帮助，而宁愿选择其他人，哪怕会受尽委屈。

和朋友在一起，我们可以褪下面具，可以褪下保护色，做我们想做的，说我们想说的，可以跷着二郎腿，端着一杯白开水，听朋友说话，不必在意自己的举动会不会让人觉得无礼；可以躺在沙发上，看着天花板，说着自己的话，不必担心会被认为粗鲁，不懂礼貌；当然也可以都不说话，各自想自己的事，做自己的事，某一刻，心领神会的对视一眼，然后相视一笑。这是一件多么美妙的事，一个人对另一个没有任何血缘关系的人，如此信任，如此依赖，把自己构建的世界完全向他打开，甚至没有因为他的进入而生出丝毫的不适。这在最具智慧也是最复杂的人类之间是一种多么难得的关系，这也是为什么人生得一知己足矣的道理吧。要找一个他懂你，而恰恰你也懂他的人有多难啊，而所谓的一见如故，又有多大的可能，俞伯牙遇钟子期，喜得知音，后子期死，伯牙不再抚琴，这只是神话，既称之为神话，就是因为发生的可能太小太小，所以，人生哪怕只有一个这样的朋友，也足够我们深深庆幸。

一个人对另一个没有任何血缘关系的人，如此信任，如此依赖，把自己构建的世界完全向他打开，甚至没有因为他的进入而生出丝毫的不适。这在最具智慧也是最复杂的人类之间是一种多么难得的关系，这也是为什么人生得一知己足矣的道理吧。

君子之交的境界

君子之交淡如水,并不是什么新鲜话题。因为人是社会中人,人离不开与他人的交往。随着人们生活水平的提高,现在生活中君子之交早就超出了淡如水的境地,很难再感悟其中的清高,也不可能再领风骚数百年了。

在生活中的君子之交应当保持淡如水的境界。当然眼下的许多朋友已经是酒肉朋友了,不太可能继续淡如水的,现在需要认识的是以下三个问题:1、什么叫君子之交淡如水? 2、为什么要淡如水? 3、怎么淡如水?

君子之交淡如水不需要酒肉,也不必温柔,更不该反目,君子之交淡如水就是心平气和而已。

为什么要淡如水? 这是大势所趋,是众望所归,是君子所为,是人心所向。无论和任何朋友都应当是君子之交。因为身边无一敌,到处是朋友。既然是君子就需要礼让三先,谁也不该唯利是图,更不必袒错护短,既然想做君子,就应当拿出君子的风度来。如果把自己列入小人,那就没有办法淡如水的。

怎么淡如水? 首先是心态要健康。其次心情要愉快。第三心地要善良。如果做不到这三条,那就是心怀叵测,心存狡诈,心术不正,心眼坏了。谁都不愿意让自己的朋友是心怀叵测,心存狡诈,心术不正,心眼坏了的人,但是有的人不以为然,如果继续下去一定是没有好结果的。

相信生活中处处是君子之交,社会上的风气逐渐好转,朋友之间通情达理,一定会迎来万紫千红的艳阳天。

君子如水，因物赋形

也许很多人都愿意把爱情当作生命的主题，有人喜欢山盟海誓的炽热誓言，也有人独爱不离不弃的平淡相守，就好比现实生活中，有的人习惯保守低调，而有的人则高调积极，两种情绪，其实都是向往一种结果，心之所向，都是那些美好的，过程虽然不同，但是没有对错之分……

然而生命中最值得珍藏的话题除了爱情，还有亲情和友情，特别是那淡如水的君子之交，没有太多的纠缠和依恋，却可以长久保持一份鲜活的情谊，它总在你不经意间流露出真诚和默契，正如梁实秋在《谈友谊》中提到的，"因为淡所以才能不腻，才能持久"。

有一种朋友，你们在一起时总是那么的舒服、踏实，欣赏、默契，心心相惜、没有压力，但彼此之间可能都会有意无意地去保持着一些距离，这样的朋友就是另一个自己，心心相印、惺惺相惜……说到底，**君子之交不计较钱财的长短相形，不牵挂权势的高下相倾，心与心交自不必瞻前顾后，如履薄冰。既然心无芥蒂，便绝少戚戚于心，耿耿于怀。"君子之交"是修身养性的机会，是一种信仰，也是一种境界！**

"君子如水"的实质是应物而行，循理而动，尽万物之理而不过，以至"性命自得"的旷达境界，这是难得的洒脱人生。善待友情，珍惜友情，尤其是那清澈长久的君子之交，随缘、惜缘、不攀缘。

第五章 近朱者赤 近墨者黑

你要相当审慎地选择好你的朋友，因为这对你的行为有很大的影响，通过与那些你希望效法的人密切接触，你会朝着你自己满意的方向变化。

假如你的朋友是有才能的人，假如他们学习成绩很好，假如他们体贴别人，假如他们身体很棒且体形健美，假如他们适可而止地饮酒、抽烟及服药，假如他们是幸福的，假如他们积极地参与诸如唱歌、跳舞、体操、美化环境、科学竞赛等活动，培养有益的爱好，或者工作干得很不错，那么，你也很可能积极地参加这些活动。

影响的力量

人生若只如初见，当时只道是寻常。须交有道之人，莫结无义之友。饮清静之茶，莫贪花色之酒。开方便之门，闲是非之口。

心中有爱，看世界的眼睛才会纯净，感觉世界很温暖；心中有恨，看世界的眼睛也会有杂质，世界也会变丑恶。心态变了，世界也跟着变。生活的好与坏，人生的幸与不幸，环境的好与劣，一切都取决于你的心态。以良好的心态面对生活，你的生活才美好。

口说好话，心享好念，身行好事。

人生最痛苦的是梦醒了无路可走，有时真希望自己永远生活在那个虚构的世界里，人生如梦，要真的是梦就好了，美丽的梦和美丽的诗一样，都是可遇而不可求的。自我反省，轻轻拂去心灵的灰尘，还自己一片心灵的晴空，不历经风雨，又怎能见彩虹？茫茫人海，紫陌红尘，滚滚红尘中有了你，日子才会过得如此美丽。

出去走走，看看世界，看着别人，思考着自己，旅行会让人谦卑，你会知道地球之大，不再愤世嫉俗，不与人为敌。旅行，为的就是让身体和心灵修炼。

当初有些事，让我们刻骨铭心；曾经有些人，令我们难以释怀。我们一路走来，告别一段往事，走入下一段风景。路在延伸，风景在变幻，人生没有不变的永恒。走远了再回头看，很多事已经模糊，很多人已经淡忘，只有很少的人与事与我们有关，牵连着我们的幸福与快乐，这才是我们真正要珍惜的地方。

人活着是一种心情，穷也好，富也好，得也好，失也好，一切都是过眼云烟，只要心情好，一切都好。

每个人的心中都会有一段情，有一首歌，在生命中走过的每一个脚步都有一个故事，在不经意间回首，那些在生命中灿烂过的笑容，那些在阴霾里温柔过的目光，在生活中的沧桑，都成了一片片折叠的记忆，在泪水与欢笑中葱茏。

对于我们的眼睛不是缺少美，而是缺少发现。在现实生活中总是会有许多人抱怨社会丑陋，穿行于社会的人们丑陋等。

人生在不断地追求，只有这样，生命才有激情。只有这样，我们才能在追求中体味人生的快慰。

一个人的快乐，不是因为他拥有的多，而是因为他计较的少。多是负担，是另一种失去；少非不足，是另一种有余；舍弃也不一定是失去，而是另一种更宽阔的拥有。

人，之所以不快乐，不是因为得到的少，而是因为要求太高。生活的艺术就在于：明白去如何享受一点点，而忍受许多，即使生活有一千个理由让你哭，你也会有一千个理由让自己笑。

人活着是一种心情！这个世界本来很简单，是我们把它搞复杂了。人之所以痛苦，是由于你没有按照自己喜欢的方式生活。大多数人是在按照别人的要求生活，刻意的改变，违背内心的所想，所以痛苦。

在最软弱的时候，你会想念的那个人；在那个人最软弱的时候，你会怜惜的，你们才是彼此将来的那个人。

一切都会好起来的，即使不是在今天，总有一天会的。

一百种人有一百种优点。恋爱时，你会被外表吸引，会因一句话感动，会因物质而动摇。但这些优点在漫长生活里，其实都没什么用。过日子最重要的不是他有多好，而是对你有多好。所以说，男人最佳的品质是无私和忍耐，女人最佳的品质是淡然和温暖。对彼此好，才是真的好。

冬天，他给了你一杯温水。可你惦记着其他饮料，所以你将它放置一旁。等你想起那杯水时，可惜它已经变得冰冷刺骨。你再也不能埋怨任何人了。别忘了，起初这水是热的。

无论你今天要面对什么，既然走到了这一步，就坚持下去，给自己一些肯定，你比自己想象中要坚强。

人生承载了太多，爱是其大喜，亦是其大悲。不敢言爱，因为它让人生厚重、牵绊；却又要言爱，因为它让人生充满意义，它是人生一切谜底的终极答案。

挫折会来，也会过去，热泪会流下，也会收起，没有什么可以让你气馁的。

跟自己说声对不起，因为总是莫名的忧伤；跟自己说声对不起，因为曾经为了别人为难了自己；跟自己说声对不起，因为伪装让自己很累；跟自己说声对不起，因为很多东西我没有学会好好珍惜；跟自己说声对不起，因为倔强让自己受伤了；生活还在继续，我微笑着原谅了自己。

该来的始终会来，千万别太着急，如果你失去了耐心，就会失去更多。该走过的路总是要走过的，从来不要认为你走错了路，哪怕最后转了一个大弯。这条路上你看到的风景总是特属于你自己的，没有人能夺走它。

人生路山高路远。不要羡慕别人的境况有多好，不要感叹自己的境遇有多糟。改变自己现有的坏习惯和坏脾气，你会发现：原来，生活是如此的美好，世界是这样的宽容。淡泊人生和包容别人，原来是这般的海阔天高。

人的一生是短暂的，脆弱的生命不能承载太多的负荷，要学会忘记，忘记那些不该记住的东西，忘记不属于自己的一切。无论风景有多美，我们只能做暂短的欣赏。

喜悦能让心灵保持明亮，并且拥有一种永恒的宁静。心念意境如能清明开朗，则展现于周遭的环境，都是美好而善良的。

该爱就爱，敢恨敢爱，放弃该放弃的，珍惜身边拥有的。心有多大，世界就有多大，别让乌云迷了路，别让阴霾遮了眼。给心灵一米阳光，让爱随情走，让梦，随心随意飞……

忘记无缘的朋友，忘记投入却不能收获的感情。忘记花开花落的烦恼，忘记夕阳易逝的叹息，忘记一切不愿记忆的东西。对万事万物不要刻意地追求，否则很难走出患得患失的误区。

我们一生都需要蜕变，否则每天都在机械地循环往复。蜕变伴随着痛苦，需要我们积蓄、坚持、隐忍，在泣血中挣脱往昔的束缚，在砸碎过去的锁链中寻觅新的生机。人非生而不同，一样的起点，迥异的终点，关键取决于途中奔跑的速度。到头来才发现，你驻足的某个停靠点，亦是你人生搁浅的地方。

信心，毅力，勇气三者具备，则天下没有做不成的事

积累勇气和信心来支持你的信念，这并不容易，但这完全在你能力范围之内。关注那些能展现出真正的你、最好的你的东西，这些东西能使你比昨天做得更好，让你散发出感染他人的光芒。

逃避不一定躲得过，面对不一定最难受；孤单不一定不快乐，得到不一定能长久；失去不一定不再有，转身不一定最软弱；别急着说别无选择，以为世上只有对与错；许多事情的答案都不是只有一个，所以我们永远有路可以走！

试着用左手握住右手，给了自己最简单的温暖。不会再奢求别人的给予，开始学着自己给自己。

做有意境的人，懂得享受人生。不要蹉跎岁月让光阴虚掷。有时间可以去游山玩水释放心情，去强身健体飞扬青春，可以三两知己喝喝红酒，可以独坐一隅静品咖啡，生命本就变幻无常，不能够虚幻地主宰未来，却能充实地把握现在，为何不轻松惬意地欣赏人生。

别和小人过不去，因为他本来就过不去；别和社会过不去，因为你会过不去；别和自己过不去，因为一切都会过去；别和往事过不去，因为它已经过去；别和现实过不去，因为你还要过下去。

学会知足，时常拥有一颗感恩之心。感谢那些帮助过我们的，支持过我们的，鼓励过我们的人，感恩是一种生存的态度和良好的习惯，我们真诚地感激别人，感激一切美好的事物，时常怀有感恩的心，我们会变得更谦和，可敬。

理直气要和，得理要饶人

人的一生，总不可能一帆风顺，总有遇到暴风，峭崖的时候，虽然我们从小就被灌输："做人要顶天立地"的思想。其实这并不矛盾，在困难之前，我们需要适当弯腰，况且，弯腰只是暂时的，走过逆境又是一望无际的好风光！

我们不需要做生活中的强者，我们要征服它，做一个胜者。所以，在我们需要弯腰的时候绝不能吝啬，我们此刻的弯腰绝不是认输低头，而是要等待一个胜利的到来。

做人，应当在有必要的时候学会弯腰！这与气节无关，与人品无关，这不是油滑，不是妥协，这是一种人生的伶俐，是一种对生命的尊重！

生活中，我们总会遇到各种各样的困难，这些困难像一座座山压在背上，压得我们喘不过气来。其实在困难面前，我们有时的确需要弯一下腰。也许就弯这一下，困难就会从身上"滑"过去，即使不会"滑"过去，也会让我们积蓄再度登上征程的力量。有时生活只留给我们一扇这样的小门，这时候就得学会弯腰，低头钻过去。

人生路上的“小门”可以理解为:在人生路上遇到的限制、束缚、困难、坎坷、挫折、屈辱等,在面对它时,人们应该学会“侧身弯腰”即要有策略,学会变通,学会适应,要忍一时之屈。在人生之路上,常需要我们弯腰侧身。

为人处事要小心,细心,但不要小心眼

心里放不下别人,是没有慈悲;心里放不下自己,是没有智慧。我们每天都会接触很多人和事,难免因为外界事物而影响自己心境。让我们敞开心门,保持一颗平常心,不管身处在任何状况中,都要保持平静、稳定、自主、自在的心境。懂得以智慧、慈悲来处理问题,心就不会经常打结,就能清明自在。

一个人的生活,给自己写一篇日记,告诉自己有多可爱;一个人的孤独,给自己放一首老歌,重温那些逝去的岁月;一个人的主宰,陪自己看一部电影,让自己做一回主角;一个人的自在,给心灵放一天假,告诉自己也要快乐;一个人的生命做自己想做的事好好精心呵护自己。

生活的乐趣不是生活本身的,而是我们对升入一种更高的生活的恐惧;生活的折磨也不是生活本身的,而是我们因那种恐惧而进行的自我折磨。

苦让我们懂得人生是一种幸运,能过苦日子的人更容易获得成功;咸是生命的原动力,有了盐,我们的生命便有了力量;酸是生活的一丝悔意,对我们的人生起着警示作用;辣是生活的刺激,是一种诱惑,也是一种挑战;甜是生活里的好味道,但甜蜜太泛滥,就容易滋生毒素。五味杂陈,才是人生真味。越长大越孤单,越长大越无奈。曾经可以肆无忌惮出口的话,不计后果做出的事,在长大的那一天,终于硬生生地压回了心底。历经曲折,尝尽百苦之后,还是觉得淡然最好,简单最快乐。人生之事,计较越多,烦恼越多。淡然,是一种彻悟。

我们不需要做生活中的强者,我们要征服它,做一个胜者。所以,在我们需要弯腰的时候绝不能吝啬,我们此刻的弯腰绝不是认输低头,而是要等待一个胜利的到来。

环境可以改变人

有两群鸭子，其中一群特别会下蛋，每天可以下一只大大的蛋；而另外一群则非常懒下蛋，两天或三天才下一只普通大的蛋。这两群鸭子各自生活互不干扰，各有各的池塘和草地，各下各的蛋。在猴年马月鸡日，懒鸭子群当中的一只鸭子来到了勤奋鸭子群当中，这里的一切让它非常惊奇，鸭子们竞争下蛋的场面非常热烈，每只鸭子对下蛋都非常有激情，非常有积极主动性，恨不得生出一个吉尼斯纪录的鸭蛋或者生下TWINS蛋来好让人刮目相看赞不绝口。这给新来的鸭子留下非常深的印象，于是它决定留下来，也决心像别的鸭子一样天天勤快的生蛋。一个月以后，它成功了。它每天也可以生下一个又大又白的鸭蛋来。

世界一天一天在变，但勤奋鸭子与懒惰鸭子们的生活没有改变。某年某月的某一天，勤奋鸭子群里的一只鸭子出来散步时不小心走失了，却意外碰上了那群懒鸭子。这里的鸭子对生活没有什么向往，不会去勤快地寻找食物，对下蛋也没有什么兴趣，如果吃得不好或者没找到食物就根本不下蛋，懒懒散散的，高兴的时候今天下一个蛋，不高兴时过几天才下一个蛋。所以这群鸭子的鸭蛋产量非常的低。看到这一切，那只勤奋鸭子心凉了，可是它一时还找不回原来的集体，于是它暂时留了下来，和这群懒鸭子们住在了一起，时间久了，也就渐渐地习惯了它们的生活。可是一个月以后，曾经每天能下一个大鸭蛋的鸭子居然不会下蛋了。

人是同样的人，但环境可以改变一个人的结果。如果在一个积极向上的群体里，受到周围的人感染，他也会努力勤奋起来，并且做得到自己的最好，成功的人或许成了这个群体的领导者，或者开创了他自己的新事业，或者在某一方面他是专家，是权威，是不可或缺的重要人物。但如果待在一个散漫懒惰的群体里，同样也会让一个优秀的人变成懒汉。如果他不能改变这个群体，那么就要被这个群体给同化。人总是有惰性的，当周围的人都不思进取沉迷于安乐，对工作得过且过，没有计划性，没有长远性，没有良好的执行力，组织框架松散无序，在这种环境感染下，再勤快的人也会变成一个庸碌无为的人。

人不能改变环境，但环境可以改变人。一个人，如果自己不思进取，那么受到环境的影响，尤其是懒惰环境的影响是最容易的。这时候的他不想主动地改变他自己的什么，他只会随波逐流。

或许即使在一个勤奋的群体里他也跟得上，但这样的鸭子不会生出最好的蛋来，或者生出更多的蛋来。他的水平仅仅是在平均线以下，是属于随时可被淘汰的那一等人。

肯用心做事的人都会积极地利用周围的有利环境对他的影响而实现他的目标，在完成他的工作之内，他会不断地挖掘自己的潜能，理论上来说，人的潜能是无限的，只要在合适的机会之下一定可以转变为真正的工作力。若某个人在某项工作当中表现平平，并不是他最好的状态；但给了他一个机会让他从事另一项工作，或许缘于平时的积累，或者在这方面找到了他工作的潜力，因此便能比以前做得更好，做得更大，做得更强。

人的潜能是无限的，只要肯去挖掘。

人总是有惰性的，当周围的人都不思进取沉迷于安乐，对工作得过且过，没有计划性，没有长远性，没有良好的执行力，组织框架松散无序，在这种环境感染下，再勤快的人也会变成一个庸碌无为的人。

选择朋友很重要

选择共事的人是重要的，朋友的选择也是很重要的，特别是在你日后能取得什么样的成就和你将来会拥有什么样的选择机会这两方面，朋友的影响尤为重要。

对孩子的交友，父母总是很关心，甚至孩子感到这种关心是不是有点过分了。但是，你的父母现在懂得，你自己以后也会知道：我们相处密切的人对我们生活的影响比什么都大。关于这一点，理由很多，但是最重要的一条是，我们总是以其他的人作榜样的，并以他们的言行作为我们行动的指导，而亲密的朋友其榜样作用又是最强有力的。

因此，你要考察一下你的四周，你将来的生活方式与你朋友现在的生活方式很可能是相似的。原因之一是，你自觉、不自觉地模仿你朋友的生活方式。如果你的朋友太年轻，谈不上什么一定的生活方式，那么，就注意一下你朋友的父母吧，他们预示着你几年后的生活方式。这种预示当然远非正确的；但是，它是你现在可能效法的生活方式中最有可能性的一种。

无论你在以后的几年中选择什么团体为伍，你的倾向、举止和观点将变得越来越像团体中的人（他们也变得越来越像你）。例如，一个艺术专业的学生搬进一间宿舍，这间宿舍住的是学别的专业的学生，譬如说学的是自然科学，而且他们在宿舍中占主导地位。这样，那个学艺术专业的学生就会倾向于自然科学，甚至改变原有的专业去学自然科学。假如他长期生活在这间宿舍里，他对自然科学的情感就会超过那些只跟本艺术专业交往的人。久而久之，少数派变得像多数派了。这变化并不必然是普遍的、确定的，但是一般的倾向是如此，并且你也会遇到。好些年后，你将变得越来越像你的大多数朋友了，而他们也变得更像你了。

另外一个重要的含意是：你要相当审慎地选择好你的朋友，因为这对你的行为有很大的影响，通过与那些你希望效法的人密切接触，你会朝着你自己满意的方向变化。

相反的，你交往的人是些有问题的人，你可能会发现你自己也变成有问题的人了。假如你的朋友是一群失败者，假如他们总是违法乱纪，假如他们胖得不成样子，假如他们是穷光蛋，假如他们经常酗酒，大量吸烟，严重吸毒，假如他们在学校总是闹事，假如他们每天浪费时间看电视，假如他们试图粗鲁地解决他们的大部分问题，那么，你有可能滑到同样的坏习惯之中去。交这类朋友，你只会染上众多恶习，而不可能得到什么好处。

幸运的是，事情总有好的一面，假如你的朋友是有才能的人，假如他们学习成绩很好，假如他们体贴别人，假如他们身体很棒且体形健美，假如他们适可而止地饮酒、抽烟及服药，假如他们是幸福的，假如他们积极地参与诸如唱歌、跳舞、体操、美化环境、科学竞赛等活动，培养有益的爱好，或者工作干得很不错，那么，你也很可能积极地参加这些活动。

尽管这些意见是针对学生而提出来的，但这些因素在你整个一生都发挥作用。不管你是 17 岁，还是 37 岁、67 岁，朋友都会对你的生活有很大的影响，特别是对你人生态度和观点影响很大。

另外，你应该懂得交朋友。最会交朋友的人常常最不需要他的朋友帮助。假如你把朋友当拐杖，假如你经常依靠别人，不能自立，假如你从友谊中获得的东西多于你给予友谊的，大家就不会欢迎你参加他们的圈子。令人遗憾的是：那些只是拼命从朋友中获得东西的人朋友最少，这正如其他领域中的事情一样。

相当审慎地选择好你的朋友，因为这对你的行为有很大的影响，通过与那些你希望效法的人密切接触，你会朝着你自己满意的方向变化。

人与人的彼此影响

人们说岁月无敌，可以改变一切。然而无敌的岁月本身并不具有改变的能量。那些我们以为被时间改变的，其实是被环境改变、被机遇改变、被朋友改变……最后统统被时间记录。

一个年轻人想戒烟，于是去看医生。医生听了他的陈述，对症下药，开了一个方子递给他。方子上写着："去探望一个戒了烟的朋友。早中晚各一次。"既没开尼古丁贴片，也没开口服药。"要戒除烟瘾，没什么药能比一个朋友的良性影响更有疗效！"真是个不按常规出牌的医生。

行为像病毒那样传染

这方子开得草率？倘使我们相信美国社会学家尼古拉斯·克里斯塔斯基和詹姆斯·弗勒的研究成果，那就不会这样想了。他们两人研究环境对我们的影响，更确切地说是研究朋友对我们行为的影响。"和动物一样，人类也可以适应生存的环境。"弗勒指出，"可是，我们平均有 80% 的觉醒时间是和朋友一起度过的。他们是我们生活环境中最重要的组成部分。因此，他们影响我们，这是自然而然的事情。"两位研究人员认为，这种影响很大。你有一个朋友戒烟了？这时你就走运了，你可以以他为榜样。另一个朋友发胖了？可能你也得考虑去买更大号的衣服了。

克里斯塔斯基和弗勒甚至走得更远。他们认为，你的朋友，甚至你朋友的朋友（也就是说你从未谋面的人），也可能改变你的习惯。他们解释说，行为会在人群中扩散，传染周遭的朋友，确切地说，像病毒那样传染！

这一观点并非突发奇想。这两位研究人员分别关注朋友对我们生活的影响已经好多年了。克里斯塔斯基对"鳏寡综合征"十分着迷。19 世纪以来，人们便一直在对此进行研究，却从来无法解释为什么那么多老年人在老伴去世后，即便当时身体依旧硬朗，也在数月后追随老伴共赴黄泉。弗勒则研究身边人（朋友、同事、父母）对我们政治观点的影响。这两位社会学家携手合作后，便立刻梦想开展一项针对上万人的多年跟踪研究。这一宏大计划的目标在于了解人们彼此之间的影响，尤其是这种影响对健康造成的后果。但他们没能筹到开展这个大型项目所需的2500万美元。

1.2万人的关系网络图

之后，有一天，一个偶然的机会，一笔宝藏从天而降。那是来自美国马萨诸塞州弗雷明汉医院的宝贵资料。在一个布满灰尘的柜子里，他们找到一盒年久发黄的卡纸。它们乍看起来并不起眼，实际上却是一个信息宝库。这些卡纸是50多年来，当地数千名居民的医疗记录。卡纸上不仅详细记录了他们的治疗过程，而且为了能在必要时重新找到患者，还记载了三个重要的信息：住址、配偶的名字和一位好友的名字。这不就是两位社会学家想斥巨资搜集的原始资料吗？他们的运气真是太好了！

克里斯塔斯基和弗勒全身心地投入了对这些资料的研究。他们开始绘制人际关系网，把每个人和他的家庭成员、朋友、邻居联系起来。这是一张巨大的网络。当资料中的1.2万余人全部在网络中各就其位后，两位社会学家就开始关注每个人体重的变化。之所以选择体重，“因为这便于研究。”弗勒解释道，“这是一个客观的量度。病人每次前来就诊，医生都会一丝不苟地记录下他的体重。这些记录为我们提供了所有人数年间的体重数据。”惊人的结果出现了：在汇总了1.2万人的人际关系网上，发胖者根本不是随机分布的，他们相互关联，形成了若干个小团体。

数据显示，一个人突然体重暴长，似乎就会导致他的朋友（在人际关系网上处于紧邻位置的人）也发胖。两位社会学家甚至对这种影响进行了量化：一个朋友发福，我们发胖的风险就上升57%；一个朋友的朋友发胖，我们肥胖的风险会上升20%；如果是一个朋友的朋友的朋友（第三层关系），那么我们变胖的风险也会增加10%……超出这三层关系，就不再对我们产生影响。不过这两位社会学家认为，肥胖就像传染病一样，会通过人际关系网络层层传递。

难以置信！但又如何解释这种奇怪的传染现象呢？显然，人之所以发胖，并不是因为某种通过接触或唾液便能传染的病菌。“实际上，我们的行为举止会影响周围所有的人，改变他们的社会行为准则。”社会学家阿莱克西·费朗解释道，“处在一帮朋友之中，我们就会按照这个团体所接受并追求的标准去行事。比如，整天吃喝，这通常不是什么好习惯，但只要有一个人整天蛋糕不离口，且大大咧咧满不在乎，那么团体的行为准则就会悄然发生变化，他的朋友就更有可能也变得一样贪吃……”一场小型流行性肥胖就是这样开始的。

尽管这个解释颇具吸引力，但它并没有说服所有的人。克里斯塔斯基和弗勒的第一轮研究在学术界引起了喋喋不休的争论。贾森·弗莱切指出：“所谓的肥胖传染可以有别的解释。”这位美国社会学家是健康方面的专家。他说：“例如，只要小区里开了一家快餐店，就足以改变那里所有居民的饮食习惯。有些人就可能因此而发胖。他们之间不必有什么相互影响，哪怕他们是朋友！”可是某些住地较远的朋友也会同时发胖，这又该怎么解释呢？

因为朋友而变得相似？

克里斯塔斯基和弗勒没有被怀疑和批评所动摇，他们重新分析了来自弗雷明汉医院卡片上的资料。这一次，他们集中研究另一种行为的传播：戒烟。他们发现，在三层人际关系以内，戒烟也是一种可传染的行为。这两位学者激动不已，趁势提出了一个让人吃惊的问题：幸福感是否也可以在亲朋好友之间传播？在这一点上，那些发黄的卡片就派不上什么用场了，它们没有记录任何可以量化病人幸福程度的指标。

只不过，这两位社会学家这时已经意外地挖到了另一个宝藏，那是一批关于抑郁症的研究资料，其中有数千份定期跟踪调查问卷。填写问卷的人中，有1181人在弗雷明汉医院的卡片上留有记录。问卷上有下列问题：“在过去的一周里，你共有几次体会到如下情感：我对未来有信心吗？我感觉幸福吗？我热爱生活吗？我是个好人吗？”调查结果被仔细归档，正好可以在克里斯塔斯基和弗勒的幸福传染研究中发挥作用。这两人用0至12之间的数字为每个人特定阶段的幸福感打分，以搜寻幸福感在这千把人中的传染趋势。

结果并无意外：是的，在朋友之间，幸福感亦会传染。“朋友之间的这种影响非常重要。”弗勒指出，“我们的计算显示，一个朋友的朋友的朋友感到幸福，同样会提升我们的幸福感，这甚至比每月加薪300元的作用更大！”

不过持怀疑观点的人认为这项研究没有证明任何问题，他们坚持认为两位社会学家的诠释站不住脚。怀疑派认为，朋友之间行为举止有相似之处，在同一时间有幸福感，这没什么奇怪的。一帮朋友之所以成为朋友，就是因为大家有着某些共同的性格特质和习惯，生活水平也差不多。物以类聚，人以群分。贾森·弗莱切如此解释："我们喜欢和同类人在一起，这是天性使然。因此，我们无法断定，人们究竟是因为彼此是朋友才变得相似，还是因为相似所以成为朋友！"

然而，这一论据并未打消克里斯塔斯基和弗勒的激情。现在，他们转而关注酗酒、离婚和抑郁症的传染，对弗雷明汉人际关系网的钻研也愈加投入。这可真是一个千金不换的宝藏啊！因为对于一个社会学家来说，能够计算人与人的彼此影响，就像教徒找到了圣杯一样！两位社会学家的研究虽然引起了争论，但他们的开拓之功不可抹杀，而且真正的研究正当其时。弗勒感叹道："我们拥有的只是这些卡片。而今天，Facebook 等社交网站拥有全世界无数人的海量信息，范围更广，资料更详细，一定能就朋友的力量给予我们更多教益……"

最会交朋友的人常常最不需要他的朋友帮助。假如你把朋友当拐杖，假如你经常依靠别人，不能自立，假如你从友谊中获得的东西多于你给予友谊的，大家就不会欢迎你参加他们的圈子。

影响你的八种朋友

也许真的因为我们“太忙”，无暇去维系已有的朋友圈；也许人与人之间越来越多的是非真伪让我们对“朋友”的称谓产生了畏惧。信任以及友情的缺失，已然成了现代人不得不面对的“人际危机”。

那么真正的朋友究竟是什么样的？人生中所需要的又是什么朋友呢？以下就是人生中不可缺少的8种朋友的写照——

1、成就你的朋友：他们会不断激励你，让你看到自己的优点。

这类朋友也可称之为导师型。他们不一定是你的师长，但他们一定会在某些领域具有丰富的经验，能经常在事业、家庭、人际交往等各方面给你提供许多建议。人生中拥有这种朋友会成为你最大的心理支柱，也常常会成为能够“左右”你的“偶像”。

2、支持你的朋友：一直维护你，并在别人面前称赞你。

这类朋友可谓是“你帮我，我帮你”，相互打气，使得彼此成为对方成长的垫脚石。在一个人的成长过程中，朋友的支持与鼓励是最珍贵的。当你遇到挫折时，这类朋友往往可以帮你分担一部分的心理压力，他们的信任也恰恰是你的“强心剂”。

3、志同道合的朋友：和你兴趣相近，也是你最有可能与之相处的人。

这类朋友会让你有心灵感应，俗称“默契”。你会因为想的事、说的话都与他们相近，经常有被触摸心灵的感觉。和他们交往会帮助你不断地进行自我认同，你的兴趣、人生目标或是喜好，都可以与他们分享。这种稳固的感受“共享”会让你获得心理上的安全感，因为有他们，你更容易实现理想，并可以快乐地成长。

4、牵线搭桥的朋友：认识你之后，很快把你介绍给志同道合者认识。

这类朋友是“帮助型”的朋友。在你得意的时候，他们的身影可能并不多见；在你失意的时候，他们却会及时地出现在你面前。他们始终愿意给予你最现实的支持，让你看到希望和机会，帮助你不断地得到积极的心理暗示。

5、给你打气的朋友：好玩、能让你放松的朋友。

有些朋友，当我们有了心事有了苦恼时，第一个想要倾诉的对象就是他们。这样的朋友会是很好的倾听者，让你放松，在他们面前，你没有任何心理压力，总能让你发泄出自己的“郁闷”，让你重获平衡的心态。

6、开阔眼界的朋友：能让你接触新观点、新机会。

这类朋友对于人生也是必不可少。他们可谓是你的“大百科全书”。这类朋友的知识广、视野宽、人际脉络多，会帮助你获得许多不同的心理感受，使你成为站得高、看得远的人。

7、给你引路的朋友：善于帮你理清思路，需要指导和建议时去找他们。

这类朋友是“指路灯”。每个人都有困难和需要，一旦靠自己力量难以化解时，这类朋友总能最及时、最认真地考虑你的问题，给你最适当的建议。在你面对选择而焦虑、困惑时，不妨找他们聊一聊，或许能帮助你更好的理顺情绪，了解自己，明确方向。

8、陪伴你的朋友：有了消息，不论是好是坏，总是第一个告诉他们。他们一直和你在一起。

这种朋友的心胸像大海、高山一样宽广。不管何时找他们，他们都会热情相待，并且始终如一地支持你。他们是能让你感到满足和平静的朋友，有时并不需要太多的语言，只是默默地陪着你，就能抚平你的心情。

一个普通的朋友从未看过你哭泣。一个真正的朋友的双肩曾经让你的泪水湿浸。

一个普通的朋友讨厌你在他睡了后打来电话。一个真正的朋友会问为什么现在才打来。

一个普通的朋友找你谈论你的困扰。一个真正的朋友找你解决你的困扰。

一个普通的朋友在拜访时，像一个客人一样。一个真正的朋友会打开冰箱自己拿东西。

一个普通的朋友在吵架后就认为友谊结束。一个真正的朋友明白当你们还没打过架就不叫真正的友谊。

一个普通的朋友期望你永远在他身边陪他。一个真正的朋友期望他能

永远陪在你身旁。

一个普通的朋友和你吃饭会抢着买单。一个真正的朋友在买单之前会先看钱包。

一个普通的朋友会拿好的东西对你。一个真正的朋友会拿真心对你……

能让你感到满足和平静的朋友，有时并不需要太多的语言，只是默默地陪着你，就能抚平你的心情。

择其善者而从之

我们喜欢和那些在兴趣爱好、人生态度、价值观与自己一致,且拥有相似的背景和个性的人群交往。所谓的“异性相吸”,这种说法并非那么有道理;米勒·麦克弗森(MillerMcPherson)的研究证明——“物以类聚”,将人们聚集在一起的是“相似性”,想想你在Facebook这样的社交网络上是怎么与他人结识的?

要知道:结识优秀的朋友,可以从他们身上学习很多优点,从而丰富自己的思想,提高自己的素质。

结识优秀的朋友,你会从朋友的言谈举止中学习他们的思维方式,改变自己的不足,结识优秀的朋友会使自己努力改正缺点,才能和优秀的朋友同行。

不同的人,来自不同的家庭,不同的工作岗位,不同的群体,不同的社会阶层,所以,每个人身上的社会烙印会有很多差异,所表现出来的优点和缺点也就千差万别,如果和那些优秀的人做朋友,我们就会在相处的过程中,慢慢地接受其熏染,相互取长补短,共同进步。只要我们虚心好学,就会使得自己更优秀。

人常说:“三人行必有我师”,只要用心去寻找良师益友,就会发现很多优秀的朋友,他们就在你身边,他们不一定十全十美,但是有值得欣赏和学习的优点,就可以成为好朋友。好朋友要求大同存小异,这样的朋友会更长久。

人生的意义是更多的完善自我,寻找结识和自己一样在向理想各方面的极致努力靠近的志同道合的朋友,共享人生精彩。

畅读世界政经文史哲学名著,饱览全球大自然美景和生物界奇观,细赏历代人类文明和智慧集萃的建筑、绘画、雕塑、摄影、服饰、工艺美术品、城市市景等艺术精品,尽享表演艺术家们在各自专业舞台上为全人类奉献的声乐、器乐、舞蹈、戏剧、电影作品。

通视世界各地迥异的风土人情民族习性以及历史演化而来的在全球背景下的独特经济政治地位，理清断断续续从教科书中得来一知半解的历史人物、政治事件、科学发现、哲学思想的混沌印象。

探寻各自然学科在科学家们不懈努力下的最新发展状态，关注世界财富的创造者和拥有者的沉浮变换。

好朋友对自己人生的影响是巨大的，结交朋友，贵在真诚，它是取得真实友谊不可缺少的一种优秀品质。因为只有真诚了，别人才能明白你，才能知晓你能不能值得结交，也只有付出真诚了，别人才能对你真诚。

好友影响一生

朋友像智者，又仿佛是光明。他也许不可以陪我一生，但却会丰富我的人生记忆。

既然朋友对我们如此重要，那究竟什么样的朋友才是好朋友？我们怎样才能交到好朋友呢？

首先，我们需要确定一个积极的交友目标。良朋益友可以给你带来温暖和力量，狐朋狗友却会给你带来许多困扰和麻烦，甚至引你走上邪路。因此，选择朋友非常重要。在《论语》中，孔子认为，这个世界上对自己有帮助的好朋友有三种，第一，友直。这种朋友为人真诚、坦荡，他可以在你怯懦时给你勇气，也可以在你犹豫时助你果断。第二，友谅。这种朋友为人诚恳、不虚伪，与他们交往，我们的内心是安全的，精神能得到净化和升华。第三，友多闻。就是知识面宽。结交一个多闻的朋友，就像拥有了一本厚厚的百科辞典，我们总能从他的经验里得到对自己有益的借鉴。

其次，我们需要了解一些重要的交友准则：

第一、尊重朋友的隐私，为朋友保守秘密。

第二、主动问候朋友，传递友好和善意。

第三、关注朋友的感受，避免公开指责朋友。

第四、互相付出是友情长久的根基。一味索取，只会让朋友感到疲惫失望；真正的朋友，是共同付出、互相温暖，给对方力量。

在与朋友交往时，除了把握交友准则外，还有一些交友的细节需要我们共同注意：

专注的倾听，传递给朋友的是重视和真诚，看着对方的眼睛，代表你尊重并接纳朋友的表达；发自内心的微笑，能让朋友感觉放松安全；点头，表明我认同你的想法，拥抱，表示深深地理解，这些积极的肢体语言都能在交友中帮助我们建立友谊。约会守时，表明对方很重要，问候彼此，请使用温馨

的方式，不要起绰号取笑朋友，而是直接叫他的名字，这些行为更可以帮助我们稳固友谊。

我们在和朋友相处时，难免会产生各种矛盾，怎么做才能减少矛盾，让友情长久呢？

1、少贴标签。交友时，我们都难免会给朋友贴上好坏、对错的标签。因此在和朋友的沟通中，如果你给对方贴上他是故意针对我，他很自私、他不负责任这些标签时，你就看不到对方的真实情况，也不会取得你想要的沟通效果。所以，我们还有一个选择，即摘掉标签，和朋友直接沟通你的感受。比如，你刚才叫我的绰号让我很不舒服，作为朋友，我希望你能直呼我的名字，我需要你用这种方式支持我。当我们选择和朋友直接沟通并表达内心真实感受时，你和对方都会感受到沟通的愉悦。摘掉那些我们贴在别人身上的标签，相信每一个人都有成长的可能，当这样的想法出现时，我们的心灵会越来越轻松，心情也会越来越愉悦。

2、提出问题，更要提出解决之道。光提出问题而没有解决之道，容易被别人理解为抱怨，而抱怨只会传递负面情绪，让你和朋友都垂头丧气。我们经常抱怨没有好朋友，我想请同学们思考一下，对身边的人来说，我们自己是不是一个好的朋友？我们是在被动等待朋友，还是主动去结识朋友？我们平时是经常打断朋友说话，还是认真倾听朋友的话？我们平时是经常向朋友索取还是真诚地为朋友付出？朋友向我们求助时，我们是推脱逃避还是伸出援手？要想交到好的朋友，我们首先要修身养性，让自己成为一个好的朋友。

我们每一个人不但可以拥有真正的朋友，还可以把你的积极乐观带给身边的每一个人。从现在开始，让自己成长为别人好的朋友，共同享受友情的美好，并把最珍贵的爱和温暖传递给身边的每一个人！

你受朋友的影响有多深

人们总是喜欢三五成群地一起购物、一起聊天、一起散步，这点我们都深有体会。而朋友间相互影响之深，可不是容易看上别人新买的牛仔裤款式那么简单。人们的品位、行为方式等生活的方方面面都会受到朋友的影响。社会学家把这种现象称为“聚”——作为个人希望结识那些与自己类似的人群，而且平时与你交往的人也会随着时间的推移在举手投足间变得越来越像你（当然，你也会受到朋友的影响）。

这不足为怪，人类总是会很自然地遵从社会权威，受周围环境、陌生人、同龄人和朋友等影响。在社交方面，人们总是会倾向于认同或者模仿朋友的行为、态度等等。除了为获取信息，顺应他人往往可以使自己更容易被对方接受并喜爱，这点不言自明。

朋友们对你的影响

你的同龄人在这方面扮演的角色很重要。朱迪·哈里斯认为，在孩子的成长过程中，同龄人对其的影响要远远大于孩子的父母或老师。一位刚刚移民到圣·路易斯的4岁男孩，他可能来自波兰，但是却可以在一年内讲一口流利的英语，还会爱上棒球运动，这是因为他要和周围的孩子们打成一片。

他也许仍旧喜欢吃传统的波兰食物，但是也会很快爱上汉堡包和比萨饼。

这种社会心理现象被称为“镜像”——你的朋友们或者那些总体上比较喜欢你的人，往往倾向于模仿你的行为举止、你讲话的腔调、你常做的运动等等，或者拿自己与你对照。这就是朋友们在潜意识里对你的影响。

你可以做个试验，在平时说话时开始常使用某新的词汇或短语，你会发现周围的朋友不久后就会慢慢地也使用那个词汇或短语。或者在和一位朋友交谈时，你将手臂交叉抱在胸前，看看对方是否会模仿你做相同的动作。

从性别的角度出发，女性有些更容易受她的女性朋友们影响，而男性则相对受同性朋友的影响少些。在爱丽丝·伊格里的“社交活动中的性别差异”研究中，她推测这种差异源自我们的社会教导男女所分别扮演的社会角色不同。

朋友如何影响你的健康

尼克·克里斯塔基斯和詹姆斯·福勒去年在《新英格兰医学杂志》公布的一项研究表明，朋友们对你健康的影响很大。

研究称，如果一个人的朋友在某个特定时期变得很胖，那么他自己发胖的可能性就会增加57%；一对成年兄弟姐妹，如果其中一个发福得厉害，那么另一个变胖的概率就会增加40%；夫妻双方中的一位胖了，那么另一半发胖的概率将增加37%。这些数据，都是在具有不同人文地理特征的区域调查研究得来的。

此外，爱好相同的人，甚至连唱歌也会一起。北卡罗来纳大学夏洛特校区的助理教授诺亚·马克曾在1998年写了一篇论文称，我们对音乐的偏好与我们朝夕相处的人密切相关。这话说得一点不错。人们没有那么多的时间和精力去尝试每一个新鲜事物。所以我们总是乐于去尝试并且学朋友们正在做的事情，这就好比一个过滤器，将我们从嘈杂中滤出来。除了音乐，你所喜爱的运动、对艺术的欣赏、偏爱的食物等等都同样如此。你所有的习惯，喜欢的、不喜欢的都与你朋友们的习惯息息相关。

当然，你的情绪甚至整个人的气质都会受到朋友们以及你周围人群的影响。“快乐”的朋友，也会让你变得快乐；“沉郁”的朋友，只会让你更加失落。甚至连“自杀”的想法，也是会传染的。

从本质上说，“情绪”是具有高传染性的病毒。同样地，如果有人突然像你微笑，你通常也会忍不住报以相同的微笑给他。人类就是这么容易被对方影响，实质上我们和他人之间的作用都是相互的。

交对自己有帮助的朋友

生活中,有的人因性格而决定了一生;有的人,因能力而决定了一生;而有的人,却是因朋友而决定了一生。

实际上,朋友对一个人的影响确实是很大的。人说"近朱者赤,近墨者黑",一个人的价值观、行为方式等生活的方方面面都会受到朋友的影响。朋友对一个人的影响有时候是直接的,有时候是潜移默化的。

朋友总是会影响我们看什么样的书,去哪里旅游,买什么样牌子的音响,是去打高尔夫球、打桥牌还是打麻将,做什么样的工作,买什么样的车,以及向谁买车,介绍其他的朋友互相认识,做什么样的职业生涯规划,参加什么样的团体或活动,做什么生意或参加标会,等等。

朋友会直接且深刻地影响你,影响你上进也可以影响你堕落,所以,我说有时候,有些人的命运不是掌握在自己手里,而是掌握在朋友手里。

物以类聚,人以群分,社会学家们认为,每个人都希望结识那些与自己类似的人群,而且平时与你交往的人也会随着时间的推移,在举手投足间变得越来越像你。在社交方面,人们总是会倾向于认同或者模仿朋友的行为、态度等等。我们喜欢和那些兴趣爱好、人生态度、价值观与自己一致,且与我们拥有相似的背景和个性的人交往。

曾国藩曾说过,"一生之成败,皆关乎朋友之贤否,不可不慎也。"有些人因交友不慎而一生的幸福毁于一旦;有些人因为认识了一个贵人而受益终生。

小黄上学的时候很聪明。所有的人都认为,如果他能好好读书,把他的聪明用在正确的地方的话,肯定会有一番作为。但是自从他跟着一个朋友进了网吧,迷上了网络游戏,就不爱学习了,高中毕业后就辍学在家。父母终日做生意,也没有太多的时间管他。

一日，一个小学的同学介绍了一个朋友给他。这个朋友据说是在某城市做广告生意，身边还缺一个助理。于是，小黄就成了总经理助理。跟着这个朋友到他的公司，他才发现公司并不是自己想象的那样大。公司就三四个人，几个办公桌，几台电话而已。

后来，小黄才知道原来这个朋友开了一家皮包公司，做一些非法的事情。

他想退出去，朋友对他“晓之以理，动之以情”，告诉他如何做无本万利的生意。

有些人辛苦了一辈子，到头来房子也买不起，老婆也没钱娶，只要他在这里干一两年，挣的钱比有些人一辈子挣得都多。朋友的一番话打动了他。小黄想想，觉得有道理。

小黄加入后，这个朋友果然待他不薄。朋友不仅给他不少工资，还给了他很大的权利，比如在一些重要合同上签字，跟客户谈判，等等。他也开动所有的脑筋，为自己的团伙骗取了更多的不义之财。

有一天，终于东窗事发。他们的办公地点被查封了。小黄的双手戴上了手铐，而他的朋友早在事情有点风声的时候，就带着钱逃走了。他成了可怜的替罪羊，因为涉及的金额比较大，他被判刑10年。人生有几个10年啊！

在小黄没有找到人生的道路的时候，他的朋友给他指了一条道路；在他没有理想的时候，他的朋友为他找了一个所谓的理想；在他意志薄弱的时候，他的朋友把他拉到了邪恶的一边。

你可能会说，这一切都是他自己的贪心决定的，不能怪别人。主观因素固然很重要，但是客观的因素也不能忽视。如果当时小黄遇到的是个做正当生意的好人，给他提供一个发挥自己特长的平台，尽管他付出的是同样的努力，但结果却大不一样。

你选择了什么样的朋友，也就选择了什么样的生活。所以，我们应该“净化”自己的社交圈，交对我们有益的朋友。孔子说，“有益的朋友有三种，有害的朋友有三种。”告诫我们要与正直的人交朋友，与诚实的人交朋友，与见多识广的人交朋友，而与谄媚奉承的人交朋友、与当面逢迎背后毁谤的人交朋友、与花言巧语的人交朋友则有害处。

学会交友，便是学会与人交际，也是学会做人、学会成熟的一个重要过程。而交朋友，首先要了解他人，因为只有了解他人后，我们交友时才有所选择。

任何一个人都是复杂的，了解一个人并不是一件简单的事，但只要我们注意观察，就可以通过一个人的细节、喜好、行为来了解他的素质、修养、品性，然后再决定是否与其交往。交友，宁缺毋滥！

与人相处，不要被对方的容貌、谈吐、外表、装扮、排场、气质、风度、外交、应酬等等所迷惑，因为那些都是假象，是暂时的，是可以伪装的，是表演的，或是有企图的。

第六章 友情需要真诚

真实良好的品德包含两层意思：一曰诚信；二曰坦率。"君子修身，莫善于诚信。"这是古人对诚信的认知。做人要厚道是一种做人的原则，人生活的不是真空，每个人的周围都有这样那样的人，聚在一起，便形成了多彩的世界。

生活中，人与人交往要厚道。别人拿真心对待自己，自己就应该还以真心；别人对自己心怀宽容，自己就应该对别人更加大度；别人对自己无比尊重，自己就应该更加高看人家一眼；别人经常关心自己，自己也要经常雪中送炭。这些都算厚道。

做人要厚道

厚道就是心胸宽广，心存美好，心存善良。厚道就是将心比心，心情豁达。厚道可以化干戈为玉帛，化复杂为简单。厚道是为人处世的基础和前提，更是通向成功的捷径。

“厚道”是处世的前提，人要想学会“处世”，首先要学会“做人”。“做人”就是立身处世，是以道德律己，以道德待人。人给我一横眉，我还人一笑脸；人给我一暗箭，我坦然回以报之。“厚道”使人体会到交际沟通之道，如果你拥有了“厚道”在交际之中才会无往而不胜。

厚：人生一字诀之一真诚厚道，抱朴守拙厚即厚道，它是人的一种优秀品质。厚道的人深得朋友的尊敬和爱戴，容易得到别人的支持，能够创造比较和谐的人际环境。

但是，人生一世，草木一秋，唯有慈悲为怀，宽容为大，才能够真正地理解生命存在的根蒂。然而，事物总是一分为二的，有厚道就有圆滑。时下社会趋于多元化，积极的一面固然很多，但也使得某些不厚道的人反而大行其道，看着这一部分人八面玲珑、左右逢源，倒也潇洒得很，或者说比较吃得开、玩得转。我想，这恐怕也是暂时的吧，因为时间老人会作出正确的裁判。说得更透彻点，一旦被周围的人看清了真面目，那么这些多面讨好或者“墙头草”式的人物只能是聪明反被聪明误。

那么，厚道的人往往具备有哪些有利因素呢？个人理解认为：

做厚道的人要有良好的品德。真实良好的品德包含两层意思：一曰诚信；二曰坦率。“君子修身，莫善于诚信。”这是古人对诚信的认知。做人要厚道是一种做人的原则，人生活的不是真空，每个人的周围都有这样那样的人，聚在一起，便形成了多彩的世界。生活中，人与人交往要厚道。**别人拿真心对待自己，自己就应该还以真心；别人对自己心怀宽容，自己就应该对别人更加大度；别人对自己无比尊重，自己就应该更加高看人家一眼；别人**

经常关心自己，自己也要经常雪中送炭。这些都算厚道。

做厚道的人往往朋友比较广泛。人是需要厚道的，厚道的人才会得到别人的尊重，厚道的人才能得到众多的真心朋友。

厚道的人在最后总会比阿谀奉承的人能得到的更多，他们能得到更多厚道的人的赞许，也会得到他们的爱。厚道的人往往是最受欢迎的人。做人厚道的好处多多，诚心可以换得别人的诚心，仁爱可以换得别人的追随，鼓励可以换得别人的感激。

做厚道的人容易得到别人的支持，人常说："此人有厚福。"厚福，不是天赐之福，而是"因厚道而得福"，厚道的人朋友多，厚道的人容易得到别人的支持。所以，我们在与人相处时要厚道，严格地要求自己，宽容地对待他人，凡事礼让为先，为他人着想，能不计较的不要计较，能成全的就要成全，能帮助的尽量帮助，这样，我们办事才会比较顺利，前途才会更广阔。

厚道的人办事总是比较顺利。厚道一点，吃亏是福，厚道的人必将得到回报。厚道是以诚相待、大度宽容，厚道是谦逊礼让、诚实守信。**厚道的人宽厚待人、以心换心，拥有好的人缘，同事、朋友、亲人都信任他。厚道是做人之本，精明是成事之道。**

厚道做人，精明做事，既不做碌碌无为的平庸者，也不做狡猾奸诈的小人，而是做一名恪守中庸之道的君子，这样你才能在人际交往中如鱼得水，左右逢源。

厚道的人所处的环境会比较和谐，自己厚道就是自己吃亏，谁会这么傻做这样的事情呢？有这种想法的人只看到了事物的一面，没有看到事物的另一面，只看到了眼前的利益，没有看到长远的利益，觉得此时此刻自己吃亏了，却没有想到未来的日子因为你的厚道也许会得到更大的回报，将心比心，人心都是肉长的，人之初，性本善，恩将仇报的人毕竟是极少数，换作你自己，别人帮助了你，难道别人有了困难你就忍心袖手旁观吗？所以，在生活工作当中，吃点小亏并不是坏事，反而是福气。厚道一点，吃亏是福，厚道的人必将得到回报。

做厚道的人前途更加广阔。厚道之人因心里阳光而身体健康，不厚道之人因心怀叵测而害人害己。

人生期望成功，应当首先从谦恭做起，一旦骄横染身，便是人生失败的开始。古往今来，莫不如此。得意忘形，人生失败之祸根。人生启迪：有本事、有志向的人,大都谦虚谨慎,而那些骄傲自满、趾高气扬的人,大都目光短浅、志向不高。我们现在讲科学发展观,讲可持续发展,这就要求我们对自然资源也要厚道一点,不能调泽而渔,过分刻薄。让自然环境能够有生生不息的条件,我们的生活才能蒸蒸日上。

在生活工作当中,吃点小亏并不是坏事,反而是种福气。厚道一点,吃亏是福,厚道的人必将得到回报。

为人处事靠自己

为人处事靠自己,背后评说由他人。有时我们太在意耳边的声音,决策优柔寡断,行动畏首畏尾,最终累了心灵,困了精神。就算你做得再好,也会有人指指点点;即便你一塌糊涂,亦能听到赞歌。能够拯救你的,只能是你自己,不必纠结于外界的评判,不必掉进他人的眼神,不必为了讨好这个世界而扭曲了自己。

一个人的胸怀决定了他人生的高度。一个人立身处世,拥有什么样的胸怀,直接决定了其拥有什么样的人生。心有多大,世界就有多大。如果不能打碎心中的壁垒,即使给你整个世界,你也找不到自由的感觉。一个人只有最大限度地扩大自己的胸怀,才能比别人看到更多更精彩的事物,收获更多的美丽。

不会集思广益的人,是一个不明智的人,不论做什么事都难以做成;不善于听取朋友意见的人,是一个刚愎自用的人,终归也成就不了什么事业;事事都听取别人的意见,毫无半点自己主见的人,同样也不可能有所作为。实践经验证明的结论是:听多数人的意见,和少数人商量,自己做决定,由繁而简就接近真理。

虚心,就是倒空自己,不能自以为是,要善于倾听和接纳别人的意见;虚心,就是降低自己,不要高高在上,不可一世,也就是别把自己太当一回事;降低自己不是卑微,不是低人一等,不是比谁下贱,而是做人的一种风度一种雅量,更是一个人的品德。

我们生活在一个五彩斑斓的世界,在这个世界里不光有着美丽的风景,同样也有着不同个性、不同气质、不同人格魅力的人。在漫漫的人生途中,你会相识相遇很多的人,不同的人身上有着不同的品质及魅力,欣赏、喜欢和爱,便成了我们最难把握的尺度。

优秀的人身上会分散着诱人的光彩,他不仅吸引你,同时也吸引着和你同样有着鉴赏能力的人。就像美丽的风景,它的存在不是为了一座山,一片旷野,而是为了整个自然,是为了点缀这美丽的世界,是为了让更多的人去欣赏、去品味、去陶醉其间。

当你用一种平常的心境去认识一个人,结交一个人的时候,你便会没有了一些私情杂念,你们便可以自由随意的交往,心也便会一点点的交融,真正的朋友便会在你欣赏的眼光中向你走来。友情同样是生命中不可缺少的东西,在你拥有了很多真心朋友的时候,你才会觉得生命的快乐。

拥有一个好朋友,比拥有一段感情要平实的多,在人的一生中,每一次用心的投入都是一种伤害。而朋友则不同,你可以在拥有朋友的同时体味到人性的纯美、真情的可贵。友情同样是一种爱,一种更高尚更至诚的爱。

用宽容的心去欣赏每一个人的优点,你会发现世界很美,阳光很灿烂,你的心也会很明媚,你的天空也会变得很蓝。

从别人身上看自己

我们对别人的意见，主要是取决于他们使我们看清自己什么，而不是我们如何看他们。

你所有的人际关系都是一面镜子，透过它们，你才能认识真正的自己。

你在发觉对方的过程中，不知不觉你也等于是发掘你自己。去了解他的感觉、想法，你也更了解自己，你们相互成为对方的镜子。

事实上，那些令你厌恶的人是在帮助你，他帮助你了解自己，让你发觉你的阴暗面。这也就是为什么当我们跟一个人越亲密，就越容易产生厌恶，因为他让你看到自己的真面目。

别人最惹你讨厌的地方，通常也是你最受不了自己的地方。

你是什么样的人，就会认为别人是什么样。你不能容忍他人的部分，就是不能容忍自己的部分。

一个品德不好的人，就会怀疑别人的品德；一个对别人不忠诚的人，也会怀疑别人对他的忠诚；一个不正直的、不正经的人，就会把别人的任何举动都“想歪”，因为他就是那样的人。一个对别的女人有非分之想的人，自然而然地，也会猜疑自己的女人。老遇到讨厌的事的，往往是令人讨厌的人。喜欢挑人毛病的人，其实自己才是最有毛病；喜欢说三道四的人，其实自己才是最不三不四。

如果你很爱发脾气，你就会认为别人常惹你生气，每一件事都可能变成你愤怒的理由。并不是说每一样东西都是错的，而是你会投射，你会把隐藏在自己内在的东西投射到别人身上。你会谴责每一个人、每一件事，因为你有太多的怒气，所以即使是一点小事也能引燃怒火。

同样，别人对你说什么，也反映了他们是谁及他们的内心世界。他们批评你很可能是因为他们对自己不满，甚至他们自己就是他们所批评的“那种人”。

当你内心走向良善时，你将停止批评别人和对别人的批评产生反弹。

如果你对一颗长满苹果的树木丢石头，掉下来的就只会是苹果，不管谁丢都一样。一个真正良善的人，不管你对他怎么样，他显现出来的就只会是平和、良善，因为他就是那样的人。

一个品德不好的人，就会怀疑别人的品德；一个对别人不忠诚的人，也会怀疑别人对他的忠诚；一个不正直的、不正经的人，就会把别人的任何举动都“想歪”，因为他就是那样的人。

不要轻易指责别人

每个人都不是完美的人，因此也不要用完美的标准去衡量他人。每当你忍不住要批评别人时，先想一想自己在这种情况下会怎样做。

一只小猪、一只绵羊和一头乳牛，被关在同一个畜栏里。有一天，牧人捉住小猪，小猪大声号叫，拼命反抗。绵羊和乳牛讨厌它的尖声号叫，便说："他常常捉我们，我们都没有大呼小叫过。"小猪听了回答："捉你们和捉我完全是两回事。他捉你们，只是要你们的毛和乳汁，但是捉住我，却是要我的命呢！"绵羊和乳牛听了，都默默不作声了。

立场不同、所处环境不同的人，很难了解对方的感受。所以，对他人应怀有关怀、了解的态度，不可随意指责批评。

不要批评别人，免得将来也被别人批评。人各有别，不了解对方，就不能站在对方的角度去看问题，误会就是这样产生的。

批评一出口，就意味着伤害。

如果你经常批评别人，为什么不试着多赞美别人？

在我们的生活中，有这样一些人他们或许真的十分优秀，可是他们却喜欢指责别人，让人感觉谁也没有他们做得好，是一个完美主义者的形象。其实仔细想想，任何人都有自己的缺点，任何人都会犯错误。我们只能要求自己把事情做得尽善尽美，我们只能要求自己尽量不犯错误，人人都希望自己是最棒的，可是人需要充分的认识自己，了解自己的优点，认识自己的不足。即使自己很优秀也不必轻易地指责别人，人人都希望得到别人的肯定，人与人之间是有区别的，有的人智商高，有的人情商高，我们需要改变自己，但是有些是既定的事实，是无法改变的，我们能够做的，只是严格要求自己。任何人都不必让自己处在高高在上的位置，人人都有尊，人人都希望自己活得有尊严，我们换位思考，别人来指责你，你也会不开心，而别人赞美你，你一定会快乐，这是人的正常心理，不必惊讶。**如果你觉得自己的确很优秀，你可以真诚地帮助别人，那样别人会感激你，你的心里会有不同的感受，这样大家的心情会很好，在这样的情形下，大家和谐相处不是一幅很美的画面？请别再指责别人。**

孔子认为，严已宽人是对自己要求严格，对别人宽容大度，这样的人才可以远离怨恨。圣贤区别于普通人的重要一点就是以责人之心责已、以恕已之心恕人。看到别人的优点，应该努力学习；看到别人的缺陷，则应该反思。

我的身材不好？嗯、是，我又不打算走模特，要那么好的身材干吗？难道你不知道胖了富态吗？

没事减肥减的跟个杆似的、你闲的了吗？还是神经病了？

我的脸蛋不好看？嗯、是，我又不是刘亦菲、也不是蔡依林。要那么好看干嘛？好看能当饭吃么？有人爱不就行了么？你们虽然长得好看、但是他们是真心喜欢你的么？他们喜欢的只是你的脸蛋而已！你不觉得可怜么？

我说话不温柔？嗯、是，我说话直来直去，而且声音很大，难道我要学那些淑女一样、说话一慢一慢的，都供不上别人听吗？你不烦吗？淑女说话温文尔雅、柔声柔气的、难道你不嫌她说话慢么？你说我说话不温柔、难道是我非让你听么？是你自己犯贱愿意听，我有什么办法？

我没女人味？嗯，是，但是我想问一下，怎样才算是有女人味？难道你们不知道那些有女人味的，都是靠男人来吃饭的吗？现在是强者的天下，强者才能生存，你说要女人味有什么用？

好了，以上是我的缺点，现在该我说你们了。难道你们不知道吗？在背后说人家是不道德的。你们在我眼里什么都不是，你们拿什么脸来指责我的不是？是谁给你们的权力？

你们以为你们都十全十美么？拜托，请问一下，有十全十美的人吗？

就算有会是你们吗？你们说别人的时候先撒泡尿照照自己那是什么脸！还好意思说别人？难道你们的父母没教过你们吗？在背后说别人的坏话是多么的没素质么？

不要以为家里有两个破钱就装大手儿，以为自己很牛吗？请问一下，那是你们自己挣的钱么？那是你父母辛辛苦苦挣的血汗钱好不好？你们要有本事自己挣去呀！

在我们的生活中，有这样一些人他们或许真的十分优秀，却喜欢指责别人，让人感觉谁也没有他们做得好。其实仔细想想，任何人都有自己的缺点，任何人都会犯错误，我们只能要求自己把事情做得尽善尽美，要求自己尽量不犯错误。人需要充分认识自己，了解自己的优点，认识自己的不足。即使自己很优秀也不必轻易指责别人。我们能够做的，只是严格要求自己，不必把自己摆在高高在上的位置，人人都有自尊，人人都希望自己活得有尊严。

我们换位思考，别人来指责你，你也会不开心，而别人赞美你，你一定会快乐。所以，不要轻易指责别人的错误。

友情容不得虚伪

真诚，是人性中最美好的品质，具有无穷的魅力，一个人能否做到真诚，不仅体现出一个人自身的价值，而且也体现了一个人的人格魅力。

真诚是火，当心与心之间横出樊篱时，它会焚去所有的阻隔，引导心灵共同拥抱美好与真情。

真诚是水，当思想里积起种种难以沟通的障碍时，它会洗去一切误解，在不同的思想之间架起一座理解与友爱的彩虹。

人与人相处，最重要的是坦率和真诚，在网上也一样。我比较欣赏朋友间的那种纯净和坦荡，就像蓝天，晴空万里，像大海，那么宽厚博大！山不在高，有树则名；水不在深，清澈则明；朋友不在多，心诚则行。只有真诚，才能相处；只有真心，才能相知。

无论是在现实中还是在网络上，我们都离不开朋友，我们都渴望拥有知己。因为，在人生的路上，并非到处都充满了掌声和鲜花，并非事事都一帆风顺。

在这个复杂纷繁，变幻莫测的世上，一切都在不断地改变，事事茫茫难以预料，人人都有不如意，家家都有本难念的经，不论是男人还是女人，每个人都有烦恼和脆弱的时候。

烦恼需要诉说，痛苦需要流泪，愤怒需要呐喊，委屈需要倾诉，悲伤需要慰藉，这是我们的本色。

男人烦恼时会约上朋友举杯消愁，女人痛苦时会在朋友面前涕泪长流，只有在真诚朋友面前，我们才可以痛快哭，痛快笑，痛痛快快地诉说内心的烦恼！

只有面对真诚的朋友，我们才可以淋漓尽致地表现出喜怒哀乐的情怀。

拥有真诚的朋友，比拥有黄金更快乐。因为黄金是有价的，而真情却是无价的，真诚的友情是心灵与心灵的互惠，它比天高，比海深。

朋友能给人力量，朋友能安慰生活，抚平心中的创伤。朋友不仅是心灵的向导，也是温馨的避风港，在真诚的朋友面前，我们可以轻松的喘气，可以自由的呼吸，一颗忧伤和躁动不安的心，也会归于安宁。

人生需要友情，友情一定要用真诚浇灌。你付出的是真诚，回报给你的也是真情实感。缺乏真诚的友情迟早都会结束，因为友情容不得虚伪。只有真诚，才能永远。

不是每个人都有知己

有人说:“友谊就是平时相处吃吃喝喝,你来我往,不分彼此,谈到一起,来得一块;有事时,相互捧场,相互关照,够哥们情义;关键时,能为你拔刀相助,两肋插刀……”,其实这些只是酒肉朋友,只是古代的江湖义气,都称不上真正的友谊。

真正的友谊,是一种亲密而高尚,真诚而纯洁的情感;是一种志同道合的、完全出自自愿的同甘苦,共患难,舍己为人的交往;是互相信任支持者智慧和能量的结合,是人生最可宝贵的东西。

人们在为理想而奋斗的征途中,是需要友谊来滋润的,许多伟人都为我们树立了真正的光辉典范。

1848年欧洲革命失败后,恩格斯被迫离开法国到了瑞士,经济十分困难;马克思在极度困难中,想尽千方百计寄钱帮助他,后来恩格斯为了支持马克思创作《资本论》,毅然去纺织厂、营业所、交易所里当苦役,从事他最讨厌的生意,尽可能多挤出一分钱,寄给马克思及家人维持生计,治病还债。马克思逝世后,恩格斯毅然担当起《资本论》第三卷的补写、修改、整理和出版工作,为此用尽了晚年的大部分时间。两位导师患难与共亲密合作达40年之久;这种友谊是真挚的、纯洁的、高尚、无私的。列宁曾说:他们之间的关系超出了关于人类友谊的一切最动人的传说。

瞿秋白和鲁迅先生之间的友谊也是感人至深的。32至33年间,鲁迅曾多次冒着生命危险把瞿秋白藏在自己家中。瞿秋白在白色恐怖下,抱病编写《鲁迅杂感集》,并亲笔作序。鲁迅先生曾赠联于秋白:“人生得一知己足矣,斯世当以同怀视之。”

即使是今天,由于社会的精细分工,我们在生活、工作、学习中,仍需要相互间的密切合作与支持。友谊仍然是严冬的炭火,黑夜中的一盏明灯,它给予你温暖和力量,把你的心照得更明更亮。“受益莫如择友”,交一个好的朋友，结下真诚的友谊，你会受益终生的。当你遇到困难时，他会无私地关心你、支持你；当你有了错误，他会真诚地批评你、帮助你；当你遭受失败挫折甚至悲观绝望时，他会给予你安慰鼓舞、勇气与信心，让你感到生活的明媚与温暖，感到人生的甜美与快乐；生活中不能没有友谊，没有友谊的生活是孤寂的、苦涩的、黯淡的。

友谊建立在人与人之间，这就有个择友和交友的原则问题。“近朱者赤，近墨者黑”，“跟好人，学好人”，朋友是你的影子。都是说交什么样的朋友受什么样的影响。在不久的将来，我们是要走进五彩斑斓的世界，复杂多变的生活，千姿百态的人生，一定要善于选择有理想、爱学习、品质正的人交友。切记：以利合者，利尽则散；以势交者，势尽则疏；酒肉朋友，消磨意志；哥们义气相投，难免要误入歧途的。

愿你“用忠诚去播种，用热情去浇灌，用原则去培养，用谅解去护理”你人生中友谊之花。

友情因真诚而崇高

从古至今不知有多少人衷心的感谢友情;不知有多少人义无反顾,置生死于度外的只为了友情。他们之所以这样为友情置生命而不顾,因为在他们的心目中,朋友就是在你高兴时能与你分享快乐;在你幸福时能使你的幸福增倍;在你困难时能给分解困难;在你孤单时帮你赶走困难;在你落魄时给你鼓励的那个人。所以每个人都想拥有更多的朋友,让真诚的友情,使自己的生活变得多姿多彩!

因此自古以来,凡是有素养、有品位的文人雅士、仁人志士,善良诚实、纯朴厚道没有邪恶之心、没有贪心旺欲的中国人,一直信奉着传统的儒家思想提出的维系友情必须恪守“诚”“信”“仁”“忠”的思想。这些理念影响着我们的行为,渗透进我们的生活之中,成为我们的交友的准则。于是酝酿出了“高山流水觅知音”“飞蓬各自远,且尽手中杯”这些赞美友情纯洁高尚的诗句。也有了“在家靠父母、出门靠朋友”,些妇幼皆知的至理名言!这句看似平淡,却又蕴涵着深刻的哲理的话,揭示了朋友的作用在于依靠,更在于相互理解和帮助。而不是那种为个人私利,借朋友之名、用友情浇灌的,开出的朵朵邪恶之花的行为。前者与后者的区别在于:前者是相互依靠、相互帮助,特别在朋友困难时的相互鼓励、相互搀扶一起走出困境;而后者在朋友困难时,明哲保身、弃之远去,更有甚者,雪上加霜,落井下石。

“患难见真情,烈火见真金”这是我们对朋友的要求,同时也是判断友情真伪的一种标准;更是说明友情需要提炼、升华。在酒桌上称兄道弟、顺利时前呼后拥的友情不是真友情;朋友得意时的逆耳忠言、落魄时的关切之言才是真友情。因为它不仅不因名利的诱惑而阿谀奉承,而且在困难中得到验证、得到升华。

“君子之交淡如水”,表明交友应无所求,只有这样友谊才会长久不衰!我们的生活因真诚的友谊变得更加温暖、更加自在。

其实，坦诚的朋友在生活中实属难得，不妨闭上眼，将利欲熏心的朋友一一删去，最后还有几位是坦诚的挚友的！因为真正的友情是“需要双方用信任和真诚来构筑”的。彼此之间没有了信任，还有什么友谊可谈！所以友谊总是既纯净又脆弱，总是那么容易被搅浑、打碎。各种书籍也介绍各种防止友情破碎的方法，但那些方法都是技术性的。一旦技术性手段进入感情领域总没有好结果。友情需要用心浇灌，用生命来培养，才能开出灿烂的友情之花。

总而言之，我们要培养友情。因为我们可以没有功业，决不能没有朋友；我们需要友情，更需要警惕邪恶，防止虚伪，反对背叛。

第七章 朋友丰富人生

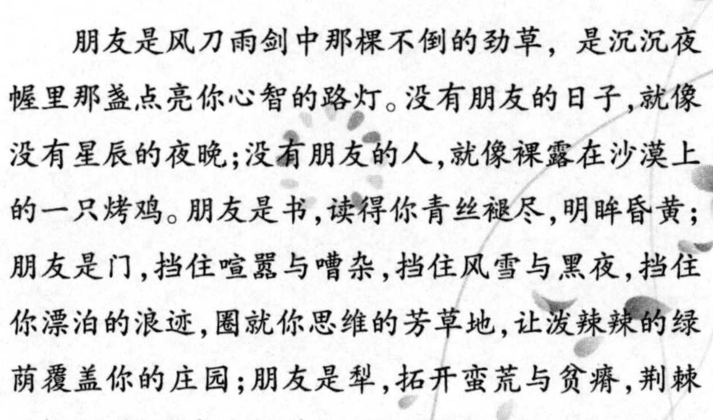

朋友是风刀雨剑中那棵不倒的劲草，是沉沉夜幄里那盏点亮你心智的路灯。没有朋友的日子，就像没有星辰的夜晚；没有朋友的人，就像裸露在沙漠上的一只烤鸡。朋友是书，读得你青丝褪尽，明眸昏黄；朋友是门，挡住喧嚣与嘈杂，挡住风雪与黑夜，挡住你漂泊的浪迹，圈就你思维的芳草地，让泼辣辣的绿荫覆盖你的庄园；朋友是犁，拓开蛮荒与贫瘠，荆棘与砺石，引你走出桃花源；朋友是河，蹚开亘古荒原和险山顽石，荡涤污秽糟粕和陈枝腐叶，让你感受伟大与崇高。

患难朋友最可贵

患难的朋友才是真正的朋友。平时的相互吹捧只是朋友交往中的表面现象,到了关键时候能够给予你帮助和坦诚地指出你错误的朋友才最值得深交。

有两个伙伴一起翻山越岭,到处游玩。他们相互间一天比一天更了解,越来越要好,两人就约定:同生死,共患难,绝不互相遗弃。

事隔不久,他们在一条偏僻的小道上遇到一只大熊。在这危险关头,一个伙伴飞快地跑向路旁的一棵小树,爬了上去。树很小,另一个伙伴不敢再冒险爬上去了。他一看,再无其他出路,只好马上躺倒在地,屏住气,四肢一动也不动,装着好像死人一般。这只饿慌了的大熊朝他俯下身子,用爪子把他翻过来转过去,舔舔他的脸,看看他到底还有没有气。由于恐惧,这个伙伴早就吓得麻木了,全身的血液似乎都已凝结,以至真的变得冰冷、僵硬,如同死人。最后,这只熊只好从他身边走开了,因为熊是不吃死人肉的。

直到这头熊走远后,树上的伙伴才爬下来。他问这位装死的朋友:“请告诉我,你躺在地上时,熊伏在你耳朵边讲了些什么?”“它给了我一些有益的忠告。”这个伙伴回答说:“对我最重要的忠告是:我应时时提防那些不忠实的朋友;哪怕只发现他有一点不可靠的地方,也应该尽快地离开他。”说完,他毅然离开了他的伙伴,自管自地走了。

世间每个人都需要朋友,朋友有益友与损友之分。友直、友谅、友多闻,都是对自身修养有益的朋友。

“友直”,是讲直话的朋友;“友谅”,是个性宽厚、能够原谅人的朋友;“友多闻”,是见识广阔、知识渊博的朋友。

对自身修养无益而有害的损友亦有三种:“友便辟”,是指有特别的嗜

好,或者软硬不吃、不经意间便会将他得罪的朋友;“友善柔”,是个性软弱、依赖性强,缺乏个人主见甚至一味依循迎合于你的朋友;“友便佞”,是专门逢迎拍马的朋友,通常成事不足,败事有余。

《佛说孛经》中说:“友有四品,不可不知:有友如花,有友如秤,有友如山,有友如地。”其实,如花、如秤的朋友便是孔子提及的损友的另一种表述,如山、如地的朋友则是益友的另一种概括。

朋友的功能,简单地说就是用来“相处”的。你用什么方式对待朋友,你就会得到什么朋友;你对待朋友的态度,也会屡试不爽地显影出你的生命品位和生活质量。

朋友间的互相帮助,自属天经地义之事,但老是从“是否有利可图”的角度琢磨朋友,则利聚而至,利尽而散的命运,也便在所难逃。

贪官们即使没有受到法办,但他们退位后门可罗雀的境遇,与在位时每天“笙歌归院落,灯火下楼台”的场面所构成的残酷反差,也足够惩罚他的寂寞老怀了。世上最可笑的人,就是整天埋怨朋友不忠不义的人。如果朋友对他“不忠不义”,可以肯定,那是因为他本身不配进入友情的忠义堂。你的朋友对你的方式,往往就是你对待朋友的准确反映。

算计他人者,必遭他人算计;以大爷之气待人者,别人逮着机会也可能在他面前摆一回大爷;在朋友面前整天端着一副谄媚相,被别人轻视也就不要哭天抢地了。反过来,“以诚待人”“将心比心”这类话,再怎么重复也不会成为滥调,就像你即使天天盯着月亮看,月亮也不会变得俗气。

别抱怨世风日下,人心不古。真正的朋友,大多得之以情,生之以趣,合之以理,聚之以气。说得狠一点,习惯于抱怨朋友的人,极可能就是不配被接纳为朋友的人。

活在知己的世界里

活在知己的世界里,内心是轻松的。没有了虚情假意,散尽了伪善与敷衍,知己的世界,还原了人与人本真的内心。

人们敞开胸怀,彼此真诚地交往,坦诚地交流,不设防,不算计,坦坦荡荡,无拘无束。

也就是在这样的世界,一个人最原始最朴素的心性才会痛快地释放了出来,言谈举止,待人接物,做人处世,才会真正遵循自我的内心,而不用再去看别人的脸色,再去在乎别人的态度。

知己的世界,是一个为心灵松绑的世界,也是一个让生命欢悦的世界。

一个人,从一出生开始,就在寻找心灵上的朋友。小时候的那个青梅竹马的玩伴,成年之后的那个虽与你淡泊往来却一直两心相悦的人,都是心灵上的知己。只要有两个人,就可以构筑成最小单元的知己的世界。

知己的世界,不会是一个庞大的芜杂的群的集合,唯其如此,才彰显出这个圈子的尊贵。知己的世界,追寻的是彼此的心灵契合,与情感的亲疏冷热没有关系。

也因此,即便是父子、手足、夫妻之间,即便是长期相濡以沫,也未必能形成知己的世界。

这是一座精神世界的理想后花园。在这个后花园里,少了权钱的纷争,少了名利的追逐,淡了得失的计较,没了尊卑的区别,更无恩怨的滋扰,总之,你不愿看到的污浊,你不愿纠缠的烦恼,都消失了,浮华的世界,一下子沉寂在了你的内心,让你六根清净,心舒神爽。

更重要的是,这座精神的后花园里,有志向相合,有意趣相投,有微笑,有友善,有仁爱,总之,百般的好,都在这里了。你可揽红拥绿,也可蹈香而舞,你可以把整个心都交出来,沐浴在这个世界最初的圣洁中。

从这个意义上讲,心灵契合,就是一种释放,一种自由,一种安妥,一种在彼此的尊重与仰望中寂静的抚慰和温柔的按摩。

小人,冷漠的人,自私的人,虚伪的人,是没有知己的。他们不会找到心灵契合的对方,因为,他们心灵上的朋友还是一个小人,一个冷漠的人,一个自私的人,一个虚伪的人。

他们虽然是同类,却是心灵上永远的敌人。

这些人即便能聚在一起,即便亲昵到称兄道弟,也不是知己的相聚。知己的世界,不是一个利益的结合体,更不会是一个貌合神离的世界。尽管,有时候,他们彼此也会口口声声声称对方是自己最相得的朋友,但狐朋狗友的世界,为利益而聚,最终也会为利益而散。

身在俗世,却能远离世俗,心在尘埃,却能不被尘埃沾染。生活,能明媚而洁净,交往,能高雅而有质量。这样的情形,也只有在知己的世界,才能安享。

不仅仅是人,大地,山川,草木,虫鱼,都可以是一个人的知己。词人林逋,在杭州,结庐西山,梅妻鹤子,他的知己,就是梅,就是鹤,就是让他的内心恬静的自然。

知己的世界,实际上就是心灵在为生命构筑的一种意境。一种快意的,也是写意的,可以让灵魂自由纵横的唯美而恬淡的意境。

因为关心,所以批评

两个小孩在上课时间偷偷溜到校外的小溪边玩水,被一个老农看见了。老农走过来,对着其中一个大声责骂,而对另一个,他却基本不闻不问。

不用说,那个挨骂的小孩肯定是老农的亲人,而另一个,当然和他没什么关系。

学校里有一位老师,对学生特别严厉,经常批评人,而且好管"闲事"。同学们都很怕分到他带的那个班,可大多数家长却希望让这位老师来管教自己的小孩。在背后,同学们悄悄地骂这位老师,给他取难听的绰号,以泄心头之愤。

长大后,大家却明白了,这位喜欢"多事"的老师,其实是个很有责任心的人,连被他骂过的学生,都对他心怀感谢。

爱挑剔你的人,不仅仅是老师,参加工作后,你还会碰到这种上级、同事,他们爱对你的工作提出批评与指点,你心中不快,却发现在这种"指点"中自己正慢慢进步与成长。

生活中,谁会批评你?谁会为你的失误和缺陷而着急?是那些和你有关系的、关心你的人,而且越是急得厉害,关系越不一般。

生活往往是这样:别人的失误或缺陷,事不关己时,站着说话不腰疼,打个哈哈,就可以大大方方地"算了";关系到自己时,才会真正地着急,才会深入地挖掘原因,才会认真地寻求补救措施。

有这么一个人,去年,他们单位的某人见同事的小孩高考落榜,慷慨陈词,力劝同事要想开点,别批评孩子,而且引经据典论证"条条大道通罗马""是金子总是要发光"的大道理。

而今年,他自己的小孩高考也没考好,大家以为他会很豁达,岂料错了——自从分数发布后,他见人就发牢骚,谁安慰也没用,把小孩骂个半死。

你看，这位先生不是不批评人，而是关系没到这一层。对外人的失误，他可以很大度，不放在心上，可对自己的至亲，那就流露出真性情来了，那个急呀！

其实，我们早就知道，生活中，要虚心听取别人的意见，对人客套时也常说："请多多批评指教。"尽管现在教育界有人提倡"表扬教育"，但我总觉得，真诚的批评，也是进步的良方。

会当面向你提意见的人，我们管他叫"诤友"。"诤友"难做，所以十分难得。这种人，说话虽然不中听，但往往管用，而且不用担心他背后搞"小动作"害你。倒是经常对你说好话的人，未必真正为你好。

如果你身边没有"诤友"，且慢责怪朋友们，得先问问自己的耳朵愿不愿意听那些"刺耳"的声音。有些话，不是人家不愿说，而是"不好说"，担心"说不好"。如果你很容易翻脸，人家又何必自讨没趣？到了这个地步，就算是你的至亲，恐怕也只好"免开尊口"了。

因为信任，所以批评；因为关心，所以批评。当然，恶意的攻击不在此列。生活中有"诤友"，其实是一种福分。想明白了这一点，请善待你的"诤友"吧！

与高尚者交友

朋友，是旧屋墙脚的一坛老酒，寂寞、静默、忠实地守住一角扬尘、蛛网和清辉。从来就无须想起，永远也不会忘记。想起时，打开来，依旧沁人心脾。

朋友，不是整日飘舞在你鬓前发际的飞絮，是山间茅庐上伴你默读的滴答雨声。不是和着你的鼓点，应着你的掌声，洒了你一身的鲜花、美酒和镁灯，而是躺在你心底的，心的底片晒出的那张黄得有些残缺的旧照片。

朋友，是你在愁风苦雨中飘过来的一把伞，是你在暗泣时泊过来的一方绢，是让你的歌声达到最佳音响效果的那位不知名的调音师，是你差点被挤下黑夜的台阶时撑你一把却不知是谁的那个人。

一切如过眼烟云。朋友是烟消云散后那峥嵘的石峰，壁立千仞，刚直不阿。是那精巧锋利的手术刀，准确地层剥你的肌肤；有时，那闪闪寒光也灼痛你的心。

一切如镜花水月。朋友是雪融冰释后那真实的留存，拂之不去，抹之犹在。是照亮你生命隧道的长明灯，是辉映你思想星空的一圆朗月。

站在掌声和鲜花托起的舞台，朋友就是那个抹着泪水悄然隐退，令你踮足翘盼、望穿泪眼也不见衣袂的那个人。

困在寂黑山巅的孤树上，朋友就是你挣扎在恐怖之海时撕心裂肺地呼喊着的那个名字。

当你有如风中残烛、烬中余温时，朋友就是那守候你生命最后时光，用泪水托起你远行天国之舟的人。

朋友是风刀雨剑中那棵不倒的劲草，是沉沉夜幄里那盏点亮你心智的路灯。没有朋友的日子，就像没有星辰的夜晚；没有朋友的人，就像裸露在沙漠上的一只烤鸡。朋友是书，读得你青丝褪尽，明眸昏黄；朋友是门，挡住喧嚣与嘈杂，挡住风雪与黑夜，挡住你漂泊的浪迹，圈就你思维的芳草地，让泼辣辣的绿荫覆盖你的庄园；朋友是犁，拓开蛮荒与贫瘠，荆棘与砺石，引你走出桃花源；朋友是河，蹚开亘古荒原和险山顽石，荡涤污秽糟粕和陈枝腐叶，让你感受伟大与崇高；朋友是歌，高山流水韵长音远，回响于峰峦壑涧，云恋雾歇，让你柔肠百转，又荡气回肠。

钱孔里摆不开真情的盛宴，钞票上植不起友谊的大树。能同甘，不能共苦，不是朋友；能共苦，不能同甘，也不是朋友。

把一粒米掰成两半分享的，肯定是朋友；把一杯酒倒成两杯分喝的，不一定是朋友；诤言逆耳，悬鞭于鞍后的那个人，不一定不是你的朋友；口蜜腹剑，笑里藏刀的那个人，肯定不是你的朋友；在角落里教你如何兜售卑劣、狡诈和诡计，如何炮制诺言、罪恶和灾难的人，更加不是你的朋友。

与卑劣者为友，只能沦为污泥浊水中的鱼鳖；与贪婪者为伍，时常会发觉自己像一只凶残的狼，一条舔尽人间污秽的狗；与自私者为友，像把自己的灵魂挂在秤钩上，价值锱铢，形容猥琐；与狡诈者为伍，会在算计他人的同时，最终出售自己的灵魂。

审视想和你交朋友的人，内心重于外表，背后重于当面，行动重于言语。不光看现在，还要看过去；不光看做事，还要看做人；不光看对你，还要看他如何对别人。一个喜欢背后说别人坏话的人，也会在别人面前说你的坏话；一个对人忠厚的人，也会对你赤诚相见。交一个挚友，有时就在电闪雷鸣的一刹那，有时却要经历风霜雨雪一百年。

同高尚者为朋友，他是山，他是海，你也是一片海；同正直者为朋友，他是一棵树，你也是一棵伟岸的树，他是一根不折的钢轨，你也是一根笔直向前的钢轨；同忠诚为朋友，他是火，你便是炉中炙热的壁，火中燃烧的炭；同勤奋者为朋友，你思想的原野永不枯荒，春华秋实年年岁岁；同睿智者为朋友，你智慧的灵光会闪耀在混沌的夜空，照亮蛮荒的草地；同达观者为朋友，你如踩着及顶的天梯，危岭险峰走泥丸。

真的朋友，是天平两端的砝码，是王子与贫儿无邪的嬉戏，是皇帝与渔夫真诚的问答。真的朋友，是相濡以沫，是肝胆相照，是志同道合，是风雨同舟！是刑场上的婚礼，是雷电下的相思树，是长鸣裂空的南飞雁阵，是前仆后继坠涧不惧的鹿群。

朋友是你我生命长河里不时招手的雪浪花。是老师，是同学、战友，是父母，是兄弟姐妹，是不曾谋面却如故交的电话那头的一个人，是荒僻小站一位擦肩而过给你指路的匆匆夜行人，是一位曾站在郊外寒风中黑坑旁为你掌灯的盲人，是最让你刻骨铭心永世不忘的那个人。

或者，是一面镜子，一方醒木，一弯曾理过你纷乱岁月的梳。甚至，一条忠诚的狗。

一个喜欢背后说别人坏话的人，也会在别人面前说你的坏话；一个对人忠厚的人，也会对你赤诚相见。交一个挚友，有时就在电闪雷鸣的一刹那，有时却要经历风霜雨雪一百年。

真正的友谊是随时付出

社会生活离不开人与人的交往,友谊有助于我们与周围环境取得和谐,使精神得到升华。一个得不到友谊的人,就像鼹鼠,不但孤独,而且见不到阳光,总是处于孤立无援和郁郁寡欢的境地,对身心健康尤有危害。

友谊到处都存在,如果你需要得到别人的友谊,就随时准备伸出你的手!

如果你看见两只狗,它们在一起嬉戏玩耍,显得无限亲密,也许你会羡慕它们,认为这就是友谊。其实这很容易检验,只要扔过去一块肉骨头就行了,哪怕这块骨头上并没有肉,它们会立即跳起来扑过去,并且互相龇出牙齿,怒目相向,狺狺然起来。

在我们人类中,也经常可以看到极其相像的现象。这不是友谊,充其量不过是一种在无聊时感官上的互相需要,只要有微不足道的利益上的冲突,这种友谊就会立即化作仇恨。

以共同的利益为基础的友谊也不会久长。当这种利益的基础消失,友谊亦随之瓦解。因利益分配不均而互相攻讦,甚至反目成仇的情况,比友好分手的例子更多。

各怀目的的互相利用,也可能使人与人之间的关系变得亲密,但当这些目的完成或者失败,这种关系也就结束了。所不同的是,如果双方被利用的价值相当,双方尚可维系表面上的友善,否则就此结怨的可能性更大。

仅仅是相互愉悦,在一起感到亲切和高兴,也能够将人结合在一起,时间的长短,要看趣味相近的程度。这种关系虽不能和友谊相提并论,但由于没有利益上的冲突,即使分手也很少会彼此伤害。

友谊中的下品是既利用友谊达到个人的目的,同时又准备着在需要的时候将对方出卖,这种现象虽然恶劣,但决不罕见。性格上有缺陷,例如爱奉承,易于感情用事等等,常给这样的小人以可乘之机。

如果你有朋友在升官发财以后对你变得冷淡，你最好赶快离开，否则会因为你知道他的过去而对你不利，这种人和在危难时离你而去的人，属于同一种类型。

当你春风得意的时候，总会有人用语言的彩云将你捧上蓝天，对于这种人应该引起特别的警惕。

相反，刺骨的冰水却有助于使你保持清醒，看清脚下的土地。这也可能仅仅是一种偶然的行为，但它却是友谊的基础。

友谊常常是在患难中形成的。因为人与人在患难时极少伪装，最能肝胆相照，直抒胸臆。但在患难之中形成的友谊，仍然不能算是真正的友谊。

且不论恶人之间的勾结与友谊判若云泥，即是常人之间，为了精神上的相互依托，也可能对善恶暂时持有相同的标准，或者将真实的感情隐藏起来。

而当地位发生变化之后，这种标准极有可能也会发生变化，历史上只能共患难、不能同富贵的例子实在是太多了。因此友谊还需要考验，甚至是反复的考验。

患难是鉴别友谊的试金石。虽然患难中建立的友谊弥足珍贵，但是主动和朋友共渡难关，则是友谊最可靠的证明。

只有正直仁爱之人才能懂得友谊的真谛，邪恶小人永远和友谊无缘。

真正的友谊是美德和美德的结合，是美德和美德的互相渗透，是随时准备着给对方全方位的帮助，而不考虑自己的得失。和这样的人在一起，如临清风，如对朗月，不亦快哉！

至贫莫过无友

在选交朋友这一点上，春秋时代的孔子就说过：同正直的人交朋友，同诚实的人交朋友，同见闻广博的人交朋友，是有益的。同逢迎谄媚的人交朋友，同当面奉承背后诽谤的人交朋友，是有害的。

孔子的弟子曾子也说过：和好人在一起就像同兰花相处一样，久而闻香；而和不好的人在一起就像臭鱼熏陶，久而自臭。

清代的纪昀（纪晓岚）说：初入社会，交友应当谨慎，要交正直、诚实、见多识广的朋友。我们交朋友，要交有社会道德的、品行端正的、诚实的、讲信义的。利势、利权、利财、不讲道德、不讲诚实、不讲信义、唯利是图、欺人骗财、做人不良、心术不正、存心报复、“落井下石”、为求己安嫁祸于人的人，是绝对不能交往的。什么是真正好的朋友？在思想上、学习上、工作上能互相帮助的朋友、知己的朋友、同甘共苦的朋友，特别是在患难之中能够互相救助的朋友，才是经得起考验的真正好的朋友。

真正的朋友，在任何时候都不会为了自己的利益而去伤害自己的朋友。当朋友遇到困难受到挫折时，他会给朋友以慰藉和陪伴；当朋友遇到经济困难时，他会给予物质和金钱的资助，甚至会千里迢迢赶去救助。

朋友之间，不存在竞争，一人成功，就是两人的胜利。古人曰：“至贫莫过无友。”要善待好朋友，珍视好朋友。

朋友是人生道路上的无价宝，友谊是遮风避雨的温馨港。选择和结交了好的朋友，是人生的一种幸福，也是人生一份永远珍贵的财富。

朋友是一本书

一本好书是一个好朋友。它授人知识，医人庸愚，助人成长，教人成熟。

有的朋友像一套“百科全书”。他知识渊博，乐于助人，你有什么难题，尽管向他请教，他是有问必有答，有答必有据。同这种朋友相处，你才会真正领略到“与君一席话，胜读十年书”的绝妙意境。

有的朋友像一本“通俗读物”。文化虽然不高，但人品绝不低。为人纯朴，心地善良，质朴无华。尽管通俗，却让你受益匪浅。

有的朋友像一本“字帖”。事业有成，却仍然兢兢业业，本色不变。虽不是教师，却处处为人师表，言谈举止，堪为楷模。

有的朋友像一本“长篇小说”。他常有很多话要同你说，把你看做可信的人和倾诉对象。谈经历要从娘胎开头，讲吃瓜要从撒籽讲起，也许会耽误你一些时间，但只要你不是赶火车或看急诊，最好别打断他，以免扫他的兴，毕竟是朋友嘛！

有的朋友又像一本“格言选集”，满腹经纶，却含而不露，一旦开口，字字珠玑，谈灼见于片言之中，藏哲理于只语之外，让你如嚼橄榄，回味无穷。当你受了小人之欺而生闷气时，他说：“生气，是拿别人的错误来惩罚自己。”当你偶犯错误而情绪低沉时，他说：“聪明人不是不犯错误，而是不犯同样的错误。”三言两语，让你茅塞顿开，精神重振。

有的朋友像一本“开心集”。天生是个“乐天派”，与人无吵，与世无争，凡事想得开，看得远，成天笑哈哈，乐呵呵，好像不知人间还有愁和忧。心胸狭窄、多愁善感的人，最好能交上这样的“开心朋友”。

有的朋友像一本“再版修订本”。世道在变，人也在变。士别三日，当刮目相看。久别重逢，你会感到他好像变了一个人，以往的种种印象（包括好与坏）已经不复存在。有的春风得意，有的棱角磨平，有的踌躇满志，有的世故老成。在他身上，说不定也有你自己的影子。

大浪淘沙，鱼龙混杂，并不是所有的朋友都对得起“朋友”这一称呼。有极少数的朋友能同甘不能共苦，见小利而忘大义，为一己私利会坑害朋友，这种人，迷恋厚黑学，把“皮厚心黑”当作处世准则。遇上这种朋友，也不必急于戳穿，防之远之就行了。这种“朋友”也是一本书吗？是的，他是一本“小人”书。

在思想上、学习上、工作上能互相帮助的朋友、知己的朋友、同甘共苦的朋友，特别是在患难之中能够互相救助的朋友，才是经得起考验的真正好的朋友。

什么人影响了你

在这个世界上，大多数人都是随随便便地结交了朋友，十分轻易地就钻进了一个圈子，这种随意性，往往给自己带来的不是损失就是不快。

无论你的生活圈子有多大，真正影响你、驱动你、左右你的，一般不会超过八九个人，甚至更少，通常情况只有三四个人。你每天的心情是好是坏，往往也只跟这几个人有关，你的圈子一般是被这几个人所限定的。

这个圈子里的人通常是你的同事、领导、部下或是朋友。

世上离你最近的，除了你的亲人，就是这些人了。也正是因为如此，他们很有可能成为你的对手，或是你的“敌人”。这要看利益、名誉、位置关系如何处理，是否冲突或是转换。事实上，你每天和人发生的矛盾，也是在这几个人身上。

人是永远要和最近的事物打交道的，因此，你和他们的关系往往也是致命的。

比如在你的圈子里，本来大家看似一模一样，不分彼此高低，都是朋友，可是一旦有谁突然被提升，被奖励，被重用，最让人心里不舒服的，很有可能就是你，或是你身边最近的那些朋友。

也就是说，与你关系最紧密的人，也是最先导致你是否快乐还是痛苦的原因。你的生活永远都是被这几人所牵扯着的，你的许多想法也一定是和这几个人有关。你每天要怎样行事，怎样说话，怎样考虑问题，往往也是针对着这几个人的。

总之，是这几个人深深影响着你的生活。你琢磨的大部分事情，都是和他们有关。甚至可以说：你日夜不停地琢磨着的这个世界，其实也只是由这几个人所组成的世界。

因此，有时他们也是对你妨碍最大的人。你生活中的许多调整，许多安排，包括你的言谈举止，不得不说是常常为他们而设计的，反过来说，通常也是这几个人决定着你的生活。

我们平日所说的大度、宽容、忍让，多数的时候，也只是体现在这几个人的身上。尽管我们这一生要和许许多多的人打交道，但大多数的精力是被这几个人消耗掉的。

因此，和什么样的人做朋友，和什么样的人形成势力范围，又和什么样的人组成圈子，其实是一项十分值得认真对待的问题，有时会是你终身最大的一件事。你这辈子是走运，还是背运，常常会与他们相关联。

只是在这个世界上，大多数人都是随随便便地结交了朋友，十分轻易地就钻进了一个圈子，这种随意性，往往给自己带来的不是损失就是不快。

别小看了你的圈子，别小看了你周围的这几个人，正是他们的存在，形成了你的复杂的关系，也组成了你的生活和你的世界。

从某种角度讲，他们的人品、人性以及道德观，也是影响你今生今世幸福指数的一个关键。

你的人际圈子有多大？除了你的亲人，还有哪些人是你人际圈子的成员？你要知道他们在很大程度上影响着你的生活。那么从现在起好好经营和改善你的人际圈子吧。

第八章 友情与社会

世间万物，一切无时无刻无不都在变化着。很多时候，我们要学会去面对一切。很多时候，说一句话确实很容易，但是真正地执行起来，仿佛又不是那么容易。我们生活的世界是一个物质的世界，是实实在在的，不是虚幻的，所以我们不能为所欲为，要对自己的行为有所限制。我们所生活的这个社会也不是某一个人的世界，而是无数个人的世界，所以我们做很多事情时都应该想到还有他人。我们要学会关心他人，为别人着想，尽管面对一些人时，不想这么做，但我们至少不要产生害人之心。

怎样衡量友情

人生之中,也许很多东西就在你几个不经意之间就过去了,亲情,友情,爱情,何尝不是如此。这许多的不经意,慢慢的,又会构成我们回忆过去,为某些事而后悔。很多东西失去之后,才知道它的珍贵。每次想到这里,我就更加觉得更应该珍惜现在所拥有的一切。

世间万物,一切无时无刻无不都在变化着。很多时候,我们都要学着去面对一切。很多时候,说一句话确实很容易,但是真正的执行起来,仿佛又不是那么容易。所以很多人都喜欢随便许诺,而却又不去执行。也许,我们很多人都知道,这样是不好的,但是又有几个人真正的因为它的不好而不去做它呢?

我们生活的世界是一个物质的世界,是实实在在的,不是虚幻的,所以我们不能为所欲为,要对自己的行为有所限制。我们所生活的这个社会也不是某一个人的世界,而是无数个人的世界,所以我们做很多事情时都应该想到还有他人。我们要学着关心他人,为别人着想,尽管面对一些人时,不想这么做,但我们至少不要产生什么害人之心。

金无足赤,人无完人。我们都是生活在同一个地球上的凡人,而不是什么圣人。我们有优点,同时也有缺点。很多时候,我们不能把人想得太完美,生活并不完美。就算生活中有所谓的完美,那也是一时的心血来潮,或者说是把事物完美化。这样说,也不是说,我们就要把世界一切想得太邪恶,不是的,而是我们应该怀着一颗感恩的心去看待一切,即使它并不完美,但是我们还是要看到它美的一面。凡事都有两面性,我们什么事都应该看得全面一些,不应该因为自己的优点而忽视了自己的缺点,同时,也不应该因为自己的缺点而忽视了自己的优点,对待别人也是一样。

很多人,因为对一个人第一印象好,就爱屋及乌,喜欢他的一切,又因为对一个人的印象就对他的一切全盘否定。这样是不对的,请问,这世界上谁又没有缺点呢，我们应该取长补短。因为每个人都有优点和缺点。

生活中，也难免会和别人发生一些矛盾，也许是因为单方看不惯对方，或者是双方都看不惯对方，或者是因为某些利益的冲突与摩擦……这样的事都很正常，我们不可能会让每个人都满意，无论做任何事。就像每个人不可能会或者说能吃一切东西的道理一样的。所以很多时候，很多事情，我们都应该看开一点。

是你的终究是你的，不是你的终究不是你的。世界上很多东西还是随缘的好，特别的是友情和爱情。某些人，注定不是我们的朋友，即使我们每天都在见，但我们就像两条平行线，永远也没有机会相交，即使更多的时候，我们内心并不希望如此。

这个世上永远存在着一些无奈，而这些无奈，我们永远无法改变。既然不能改变它，我们也只有学着去适应它了。也只有这样，才是对生活的一种积极态度。

人生之中，我们会遇到很多选择，我们也无不无时无刻在选择着。有些选择不重要，对我们的影响并不大，我们可以不必考虑得很仔细。而有些选择则很重要很重要，并且对我们以后的很多事都会有很大的影响，因此，我们在选择的时候，就不能马马虎虎，而应该把眼睛擦得雪亮。比如说婚姻，婚姻就像打牌，重洗一次要付出惨重的代价。所以我们在面对选择时，要看清其轻重缓急。

我们有优点，同时也有优点。很多时候，我们不能把人想得太完美，生活并不完美。就算生活中有所谓的完美，那也是一时的心血来潮，或者说是把事物完美化。

怎样认识社会

古往今来,社会一直在变化,人们也在不断接受社会的现实。

社会里有很多东西都是人们难解的秘密,这一把难开的金锁,也许只有通过时间的磨砺才能真正地了解内涵。

社会的复杂:深刻的内涵、难解的秘密、深厚的理念和未知的经历,一切都在社会与生活里揭晓!社会需要什么?生活需要什么?又该怎么正确地去认识这个迷茫的社会,无知、幼小的心灵在这个世界无形中承受社会的复杂,忍受生活给予她的考验,在困难中针扎着,一步步走过那坎坷的路程,度过艰辛的岁月,所有一切困难、艰辛、坎坷、错误、无知都在一步步迈进,从而感受社会的复杂。

社会里的事情需要去耐心地忍受,经过一定的考验,才能慢慢地去适应它,更需要你付出足够的时间来满足它,这样,才不会被社会所抛弃。

怎么去认识社会,又该怎样真正地了解它,一切只有亲身体验,要有一定的经历,才会明白一切真正的内涵,社会里的真理尽在生活的考验中,在对社会痛苦绝望的时刻,千万别放弃生活的未来!因为你的失败与痛苦还有无奈已经在向你告别,正因为有了前者,后者才会出现,把握未来,坚持现在,接受社会的复杂,容忍一切的考验!

世界上很多东西还是随缘的好,特别的是友情和爱情。某些人,注定不是我们的朋友,即使我们每天都在见,但我们就像两条平行线,永远也没有机会相交,即使更多的时候,我们内心并不希望如此。

和难相处的人打交道

人的一生中，难免会遇见一些很难打交道的人。你知道的，就是那种你竭尽所能想要避开的人。他们也许是你的前妻(夫)、同事，亲戚，可能是专爱欺负别人的人、控制狂、消极对待者，或者受害妄想症资深患者。

那么，我们该如何跟这种人打交道呢？要怎样做，才能顺利地和他们共事、共同维护家庭、工作或保持良好的亲戚关系呢？

以下几个小秘密，能帮助你在面对这类人时保持淡定。

知道自己的底线

自知之明是强大的武器。

每个人都有自己的底线，它们会被特定的事物引爆。我可以确信地告诉你，那些你最讨厌的人，往往熟知你的底线在哪里。

那么你呢？你知道吗？花点时间好好想想吧，找出那些容易让你暴躁的原因来。

比如，是不是一旦有人谈论起政治、或金钱、或你的家庭，你就开始不爽？或者是不是一想起你的前任连着三天用麦当劳打发孩子，你就暴躁了？

一旦熟知自己的底线，那你就变得无坚不摧。列一个应对计划——比如，当谈话开始渐渐转移到你最讨厌的东西上时，该怎么应对？

你可以试着深呼吸、或出门散散步、或直接起身，远离这个话题；或者你可以把这三件事一块儿做了。

无论怎么应对，只要能让你把注意力转移回自己身上、并巩固你对该谈话的控制权的方法，就是好方法。

使用“停滞期”语句

假如你正在和一个难打交道的人聊天，而你非常想闭嘴走人。这个“停滞期”语句会很管用——至少它能把对方的气势灭到最低。

“很抱歉让你有这样的感觉。”

“好吧，这是你的看法。”

“哦。”

“或许你是对的。”

假如你不停重复这几句话，最终对方一定会放弃和你争吵的。

抑制住被卷入争执中的冲动

那些难打交道的人，最爱做的事就是让你卷入争执中。小心这个陷阱。听听此时自己的嘴巴在说些啥：是不是正在试图证明某事、或争论、或辩解、或解释自己的处境？如果是，请立即停止。

因为如果你不停下来的话，这个对话将永远在一个圆里绕啊绕，毫无结果。因为你是没有办法改变对方这类人的想法的。否则的话，你也不会给他们贴上“难打交道”的标签了。

终极大杀器

前三种方法能帮你避免、或逃离和这类人的谈话，而现在我们要说的，则是能彻底改变你和此类人关系的终极大杀器！这就是：无论如何，他们也是人，他们也有烦恼和弱点！

为了解决自己的问题，他们的言行从某种程度上来讲，于他们自身有益。而且，绝大多数时候，他们这样做，和你并没有多大关系。

有的人在欺负、控制别人的时候，会因为获得关注(即使是负面关注)而觉得自己更重要、更有安全感。而有的人需要扮演被害者的角色，才能得到别人的帮助；有的人表面看上去既脆弱又带有敌意，不外乎是为了保全自己的存在感。

假如我们能花点时间，去搞清楚那些难以理解的举止背后是由什么潜意识支撑着的话，我们也许就能改变和这类人的关系。一旦搞定这一点，你就能巧妙地通过别的方式满足他们的情感需要，从而避免再度忍受他们不堪举止的折磨。

这一招的主要目的是：激发你的同情和理解，让你明白——这些存在于你生命中的“祸害”，其实也不过是个尽力想好好生活的人类罢了。

最后的想法

的确，有时候为了拯救自己的理智，我们得学会放弃。但请记住，每个人其实都在尽己所能地生活着。

抑制住对于那些讨厌举止的厌恶情感吧，这样的话，我们就能拥有更冷静、更有益的人际关系。总的来讲，其实最终我们真正能掌控的，是自己的情感。

谁知道呢，说不定某天你突然发现，自己还挺想念某个“特别难打交道”的人呢。

每个人都有自己的底线，它们会被特定的事物引爆。我可以确信地告诉你，那些你最讨厌的人，往往熟知你的底线在哪里。

与不同性格的人相处

物以类聚，人以群分，一般人都愿意和自己性格相迈的人相处，这是无可非议的。一个人要与所有的人都成为亲密朋友，那是不实际的，不可能的。但是，如果我们学会和不同的人打交道，我们就能和更多的人相处得更融洽，工作起来就能相互协调。

那么，怎样和不同性格的人相处呢？

应该看到，既然别人与自己性格不同，他在待人接物方面，自然有许多方面与自己不一样。当我们看到了别人与自己不同之处后，不要觉得这也不顺眼，那也看不惯，不要讨厌和嫌弃别人。

要承认差别，世界上的事本来就千差万别，可以说，世界没有完全相同的两片树叶。认识到这一点，看到了不同性格的人，就不会强求别人处处和自己一样，就能容忍相互性格上的差别。

要学会求大同，存小异。性格不同的人，处理问题的方法就往往也不相同。要学会在不同之中发现共同之处。比如，你是个性格和平的人，你给小王提意见，可能言辞不是那么激烈，语气也比较委婉。如果你身边有个有个刚直倔强的人，他给小王提意见，可能单刀直入，语言尖锐，甚至可能转而批评你，说你给别人提意见拐弯抹角，钝刀割肉。这时候，如果你只看到那个直率的人开展的批评和态度和你不一样，觉得他太莽撞，太不讲情面，你可能会感到和他格格不入，合不来。如果你除了看到你们两提意见时的方式不同以外，还看到他也和一样，是处于一片好心，想真心帮朋友。这样，你就不会觉得他粗鲁无情，而觉得他有难得的热心肠，同时也不会计较他对你的批评。我们要多看别人和自己之间的共同点，就容易和不同性格的人相处。

跟不同性格的人相处，还要注意了解别人。人们在相互交往中，可能都有这样的经验；如果对一个人不了解，你就和他在感情上有距离。一个人性格的形成，往往和他生活的时代，家庭的环境，所受的教育和经历遭遇有关。

如果你想考察一个人的性格，最好先要了解他性格形成的原因。这样你就理解他，体谅他，帮助他，慢慢的你们就会增进了解，甚至还可能成为好朋友。

和不同性格的人相处，要注意发现别人的优点，取长补短。两个不同性格的人在一起，由于对比明显，双方可能就会很快发现对方的长处和短处。在发现别人的短处之后，用正确的态度给别人指出来，帮助他。世界上一切事物都不是尽善尽美的，每个人在思想上性格上都存在缺点，谁要寻找没有缺点的朋友，那他就会没有朋友。从和自己不同性格的人身上，更要注意发现别人的长处和优点，比如，性子急的人，要看到慢性子的人考虑问题时可能比较周全，特别在做某种需要耐心的工作时，他就很适合。慢性子的人要看到急性子的人做事往往不拖拉，很顺利。这样，大家不仅能和睦相处，还能相互有所补益。

和不同性格相处，还要讲究方式方法。俗话说，"一把钥匙开一把锁"。跟不同性格的人打交道，也要区别对待。这不是那种见人说人话，见鬼说鬼话的世故圆滑，也不是逢场作戏似的玩世不恭。我们说待人有别，是要看到性格不同的人有其自身的特点，要针对这些特点采取因人而异的恰当态度。

人的性格是在生理素质的基础上，在社会活动中逐渐形成的，有一定的稳定性。要想改变一个人的性格，不是一件容易的事情。但是，世界上的任何事物，都不是一成不变的，人的性格也是不断发展变化的。我们常会看到，有的人本来很脆弱，但是在经历了一些重大变故和意外打击后，他变得坚强起来了。

如果我们努力提高自己的认识能力，思想水平和道德修养。就一定能够培养和锤炼出良好的性格的。

交往的分寸

在日常生活中,如果你能办事伸缩得当,人们就会通情达理地承领你的要求,尊重你的体面,满足你的愿望。如果你不懂分寸,说话冒失,举止失体,不识深浅,不知厚薄,那么你的人缘不但是一筹莫展,处世也可能处处留下败笔。所以,掌握于分寸之间是为人处世的普遍规则,是获得好人缘的第一准则。我以为在为人处世的分寸之间,应当把握好以下基本要领。

刚柔并济

在人际交往中,心平、和颜、谦逊的态度,柔言、细语、悦色的谈吐,容易给人以好感,有事半功倍的效果,值得大力提倡。

与“柔”相反,则为“刚”。刚的表达方式,一是刚毅生威,即遇事沉着冷静,情况越是紧急,越能表现出强者的姿态,有处险不惊,临危不惧的大将风度;其神态自若本身就能给人以强大的心理影响或是强烈的心灵震撼。二是对于“吃硬不吃软”的无聊者,要利用其色厉内荏的弱点,据理力争,有时要抓住其语言上的漏洞发起进攻,强化自已的优势和强硬地位,迅速把对方置于被动挨打的境地。

古人曰,无欲则刚;今人说,打铁先得自身硬。要想成为刚毅之士,就必须有过硬的内在修养,这样才能刚中见柔,以柔制刚。只有一身正气,才能底气十足,词严雄辩;只有光明磊落,才能刚柔并济,刚硬无比。

阴阳相滋

老子对阴十分推崇,他在《道德经》里反复强调“以阴克阳”“以静制动”等。阴与阳本无褒贬之意,只是该阴则阴,该阳则阳,该互补时互补,该相滋时相滋,只要把握好其中的分寸,既能成就大事。

为人处事,只要你动机不恶,手段不毒,心胸坦荡,光明正大,在关键时刻不失分寸地要一点“小花招”,搞一点“小名堂”,既对事业有利,又不损害他人,何乐而不为呢?

所谓“阴谋”，有时候并不完全阴，阴谋完全可以阳用，这是对我们的思维方式和思维角度的一次转换，是对长期以来那些“非对即错”“非我即敌”“非真即假”的绝对化、极端化错误倾向的一种批判。我们应当辩证地对待世界、对待他人、对待自己。真正做到这一点非常不易，关键是掌握好阴阳相滋之分寸。

能伸能屈

伸是创新进取的方式，屈是保全自己的手段。人生在世，都是在反复伸屈状态中走过的。

在生活和事业处于困难、低潮或者逆境、失败时，如果能运用“屈”的智慧，往往会收到意想不到的效果。反之，该屈时不屈，一味地去伸，必遭沉重打击，甚至殃及生命，如此我们还有什么资格去谈人生、谈事业、谈未来、谈理想呢？古语道“人活脸，树活皮”，试想，一个人如果连自己的事业都不能保障，连自己的性命都要受到威胁，那还要“面子”有何用？

学会取舍，实际上就是学会生活。人的一生就如同一条河，不可能一直向前，直通大海，必然是根据地势、地貌，蜿蜒曲折，跌宕起伏。人生也是如此，一般说来当人处于逆境的时候应该委曲求全，收起锋芒，从而以屈求伸，等待时机，再创辉煌。这就是屈的功能。

冷热适中

对一切事物抱有积极热情的态度，是为人处世所必需的。比如你想得到朋友、同事的认可和接纳，就必须首先主动敞开自己的心怀，讲真话，做实事，以诚相见，这样朋友被你的诚实所感动，内心深处喜欢你，才愿意与你真诚交往。歌德说过一句话：“世间最纯粹、最暖人胸怀的乐事，莫过于看见一颗伟大的心灵对自己开诚相见。”

但是你千万要注意自己是否热情得过了头。比如涉及朋友的隐私之事，你却不知眉眼高低，非要帮人家忙里忙外，让朋友难为情，既不好拒绝你，又无法谢绝你，搞得非常尴尬。再如你讨好领导，自觉与领导亲密无间，对领导的阴暗面都知晓的一清二楚，那么你迟早是要倒霉的。所以，最好的分寸就是冷热适中，不即不离，勿以尊卑亲疏定冷热，这样才有可能使彼此友好关系保持长远。

不前不后

人在一个集体中不可强出风头。孚众望、得人心，是日积月累的结果。

你在言谈举止之间,你的朋友、同事都在观察你,品评你。你有成就,你肯努力,你待人宽厚,别人自会欣赏,用不着强求注意。强出风头往往会引起别人的反感。

"出头的椽子先烂""木秀于林,风必摧之""直木先伐,甘井先竭"……这类古训俗语常用来告诫人们,要警惕环境险恶,人心叵测,要韬光养晦,不露锋芒,不动声色。因为,风头出尽的人容易遭人妒,容易首先受到攻击。这里并不是要否定那些勇往直前、万事当先的人,只是强调前与后的分寸,古人不是也说"始作俑者,其无后乎"吗?

进退自如

《菜根谭》中说:"经路窄处,留一步与人行;滋味浓的,减三分让人尝。此涉世一极安乐法。"

"人情反复,世路崎岖。行去不远,须知退一步之法,行去远,务加让三分之功。"这种做法明为退,实为进,是一种比较圆滑的做法。一条路本就狭窄,再加上拥挤更是无处下脚,若是自己退一步让人先走,那么自己也就相当于有了两步的余地,可以轻松走路。两相对照,自然是选择有利于自己的做法。

你如果想在社会上走出一条路来,就要在拥有自己骄傲的同时,能够意识到自己兼有的卑微之处;就要勇敢地放下你的学历,放下你的家庭背景,放下你的身份,让自己回归"普通人"。人不仅要知道进取,也要学会认输,知道放弃。不要在乎别人的眼光和批评,做你认为值得做的事情,走你认为值得走的路。

外圆内方

方为做人之本,圆为处世之道。"方",即方方正正,有棱有角,做人做事有自己的主张和原则,不被他人所左右。"圆",即圆滑世故,融通老成,做人做事讲究技巧,既不超人也不落人后,或是该前则前,该后则后,能够认清时务,使自己进退自如,游刃有余。

做人应当方外有圆,圆内有方。外圆内方之人,有忍的精神,有让的胸怀,有貌似糊涂的智慧,有形如疯傻的清醒,有脸上挂着笑的哭,有表面看是错的对……

真正的"方圆"之人是大智慧与大容忍的结合体,有勇猛斗士的武力,有沉静蕴慧的平和,对大喜大悲能够做到泰然不惊;行动时,干练迅捷,不为感情所动摇；退避时，审时度势，全身而退，而且能够抓住最佳机会东山再起。真正的“方圆”之人，没有失败，只有沉默，是面对挫折与逆境的积蓄力量的沉默。

可得可失

从战术上考虑问题的人是强者，从战略上考虑问题的人是智者。当生活强迫我们必须付出惨痛的代价以前，主动放弃局部利益而保全整体利益是最明智的选择。智者曰：“两弊相衡取其轻，两利相权取其重。”趋利避害，这也正是放弃的实质。

但是人们总是患得患失，未得患得，既得患失。我们的心就像摆钟一样，总是在得与失之间来回摆动，非常痛苦。一个人的最高境界应该是可得可失、无得无失。因为有得就有失，失得都一样，失就是得、得就是失，塞翁失马，焉知非福？

人世间的事情有了付出才有回报，没有无回报的付出，也没有无付出的回报。付出越多，得到的回报越大，只想别人给予自己，那么“得到”的源泉终将枯竭。所谓贪得无厌就是只想得不想失，只想多得，一点都不想失。

“天有不测风云，人有旦夕祸福”，我们必须以变化的心态看待人和事，看待得与失，这样才能处变不惊，分寸不乱。

能够真正掌握于分寸之间，是一件非常不容易的事。分寸隐藏于何处，不是触摸出来的，而是体会出来的。分寸不单纯囿于“情”字，也不单纯拘于“理”字，所谓通情达理者可识分寸，可见“分寸”二字就在情理之间。

要学会把握分寸，必须通人情、晓世故，有修养。把握分寸是人的一种综合素质，是内在涵养与外在经验的集中表现。

受人欢迎的品质

一是谦虚。

不骄不躁、不矜不伐、辞尊居卑、功成不居、功薄蝉翼、虚怀若谷……在中华字典上表达谦虚之意的成语俯拾皆是。然而生活中这样的人却很稀缺。

很多人常常在艰难时很谦和虚心，而在功成名就后就会变得趾高气扬，不仅再难进步，还往往因为自以为是而摔的鼻青脸肿。就此而论可以说，战胜失败难，承受胜利更难。只有常怀谦虚心，才能经得起失败的考验，又经得起胜利的考验。

谦虚谨慎者往往能顾全大局，在取得初步成功后继续向着新的目标前进。

二是包容。

天空包容一片彩云，故能广阔无比，大海包容一朵浪花，故能浩瀚无涯。受脾气性格、阅历视野、文化修养、生存环境的影响，人们表现出种种差异，甚至种种不足和缺点。

能否包容他们的个性，宽容他们的欠缺，不仅是一种气度雅量，也是一种处事艺术。

多一些包容，公开的对手或许是我们潜在的朋友。反对者的存在，可让你保持清醒理智的头脑，做事更周全；可激发你接受挑战的勇气，迸发出生命的潜能。

三是聆听。

有的人很受欢迎，人人都喜欢与之结交。这种人，人缘特佳，凡事容易成功，其心理特征之一往往是善于聆听。

在人们自我表现的今天，能静下心来聆听别人说话，已成为一种美德。多听有助于信息的搜索、人世的观察，还可以避免因多言而造成的差错。如果有人找你倾诉，你一定要认真、投入、耐心的聆听。

因为这是他们对你的信任和依托，你的聆听对他们也是一种共享、慰藉、温暖和鼓舞。民谚说善于聆听的人是智者。学会聆听是处事的一个重要法宝。

谦虚、包容、聆听，坚持做下去，你会发现，你的人生会很美妙。

一个人的最高境界应该是可得可失、无得无失。因为有得就有失，失得都一样，失就是得、得就是失，塞翁失马，焉知非福？

一生当有几个好友

当你在寒风冷夜中彳亍独行时，当你在漫漫旅途中寂寞跋涉时，当你在万里晴空中无奈时，你会想到要有一个真正的朋友，时刻陪伴在你的身边。

没有朋友的生活是枯燥乏味的生活；没有朋友的生活是难熬岁月的生活；没有朋友的生活是备尝艰辛的生活。没有朋友的生活是十分平常的生活，没有朋友的生活是非常单调的生活，没有朋友的生活是形同于漂泊与流浪的生活。

一个人如果没有朋友的话，工作中就等于少了一个志同道合的挚友，学习中就等于少了一个共解难题的学友，生活中就等于少了一个知寒问暖的密友。

一个人如果缺少朋友的话，他就会少见少识，他就会孤陋寡闻，他就会停滞不前，他就会政绩平平，他就会默默无闻。

从逻辑的角度看，朋友有着多种多样的含义。

有的是互相帮助，互相关心，互相支持的朋友；有的是志同道合的朋友；有的是肝胆相照的朋友；有的是携手共进的朋友；有的是互相鞭策的朋友；有的是互相鼓励的朋友……

有的是酒肉朋友，有的是哥们义气的朋友，有的是袒护自己缺点的朋友，有的是搞肮脏交易的朋友，有的是为着一时的利益暂时走到一起的朋友，有的是互相利用的朋友……

事实已经证明，是什么样的人就喜欢结交什么样的朋友。

你是一个利令智昏者，结交的朋友必然是一个贪婪者；你是一个心术不正者，结交的朋友必然是一个滑头滑脑者；你是一个粗俗鲁莽者，结交的朋友必然是一个不修边幅、不注意小节者……

真正的朋友是镜子，真正的朋友是旗帜，真正的朋友是自己的化身。真正的朋友，能起到一般人所起不到的作用。

在你遇到挫折时他会鼓励你，在你春风得意时他会提醒你，在你空虚寂寞时他会登门拜访你，在你大难临头时他会无微不至地倾身相助地关照你。

兄弟可能不是朋友，但朋友一定胜过兄弟。

魏国的曹丕与曹植，本是同胞兄弟，为了争夺太子权位，他们之间大打出手，同室操戈同锅相煎。

相反，“桃园三结义”中的刘关张，不是兄弟却胜似兄弟。在张飞被暗害、关羽败走麦城时，刘备会以朋友之念，不惜国君的身份，亲率大军讨伐东吴，最后兵败病死也无遗恨。

酒肉朋友易找，患难之交难求。

一个人在生活和工作中的朋友会很多，但不一定都是真正的朋友。只有经历了时间考验的朋友才能算得上是真正的朋友。

有一句名言，叫做“人生难得一知己”。一个人活在世界上，如果有很多知心朋友，就说明你是一个非常不一般的人，是一个非常不寻常的人，是一个非常了不起的人。

带着爱的友情

朋友只是人生寂寞的旅途偶然的同路客,走完某一段路,他要转弯,这是他的自由。在那段同行的路上,你跌倒了他来扶你,遇到野兽一同抵抗,这是情理之中的。道路不同,彼此虽是挂念,但也就无法互相援助。但是这时候彼此也许就遇到新的同路客了。

随着环境的变动,任何人在每一个阶段中都会有不同的一群朋友,很多昔日的朋友,虽仍牵系心中,要保持亲密却是相当吃力,友谊我以为是很难永固的,能够超越时空依然屹立的友情,其实已经包含爱情的成分。

仅是一时投契的朋友,散开后,即使重聚,各人在思想修养感觉上的改变,已经导致大家难以重建昔日的关系。然而所谓的知己朋友,起初交往时的情浓,令他们在离别后的惦念中依旧互相吸引,即使分隔多年,相见还是如故的,这就是爱情的友情。

纯粹的友情是自由的,今天萍水相逢,彼此尊重的欢聚,明天可以平淡的分手,甚至忘记大家。

带着爱的友情是浪漫的,却也可以是痛苦的,因为“爱”便开始要求恒久,便开始不能容忍更多的对象,一旦其中一方面对旧知己失去热情,或者将爱平分甚至转给了新朋友,另一方面只得默然承受,由是如今我祈求的,只是在一段同行的路上,彼此温暖的朋友。

所谓的知己朋友,起初交往时的情浓,令他们在离别后的惦念中依旧互相吸引,即使分隔多年,相见还是如故的,这就是爱情的友情。

感谢走进你生活的人

人们走进你的生活，或者是为了一个原因，或者他们只停留一段时期，或者他们永远与你相随。一旦明晓其中究竟，你就知道该如何面对他们了。

有的人出现在你的生活中是有原因的，通常他们填补了你流露出来的需要：帮你渡过难关，指点和支持你，切实地在情感上、精神上帮助你。他们出现是因为你需要他们。然后在一个你无可引咎而又不便的时候，这人说了什么或者做了什么令你们终止了友谊。

有时候他们离你而去，有时候他们冒出歪理而逼得你要奋起反抗，有时候是因为他们逝世。我们必须认识到，自己的需要已经满足了，愿望已经实现了，他们的工作也就完成了。你的需要得到了回应，接着的是要继续前行。

有的人在你的生活中只会停留一段时期，那是因为你到了这样的一个时候：成长、学习，并和别人一起分享你的世界。他们让你体会平和，也让你欢笑。他们可能也教会你做一些从没做过的事情。他们常能给你带来无数欢乐。相信这一点！这是真的！可这，只能维持一段时间。

持续一生的情谊将令你终身受益；一点一滴地努力吧，建造一个坚不可摧的感情基础。你要做的只是去接受经验，对一生相随的人付出关爱，并将你所学到应用到生命中的其他关系和方方面面中。

有的人出现在你的生活中是有原因的，通常他们填补了你流露出来的需要：帮你渡过难关，指点和支持你，切实地在情感上、精神上帮助你。

让友情长存

中国有句极富哲理的话叫“物极必反”。生活中,任何过头的东西都会,走向它的反面。朋友之间的交际也是如此,过往甚密,反容易出现裂痕;而把握适中的度,才能使朋友间的友谊间的友谊成为永恒。

让友情长存的十个原则之一:不要单纯追求功利性交往

交友互利,是人之常情。但是,切勿把与朋友往来单纯作为功利交往,因为,朋友之间的交往,除了有事相互帮助之外,还有思想交流、知识互补、情感抚慰、怡情悦性等方面的作用,如果朋友之间一味地追求功利性闪往,那么,这样的朋友是不会长久的。

让友情长存的十个原则之二:不要将朋友理想化

世界上没有两片相同的叶子。尽管朋友跟你气质相仿、兴趣相近、性格相投、但朋友毕竟是个活生生的人,跟你总会有些不同之处,总会有这样那样的不足,总会有自己不愿人知的秘密。所以,跟朋友交际,不要过于将朋友理想化,不可把朋友的一切言行都以“我”为参照物。

首先,要容忍朋友的缺点,所以,你一旦发现朋友的缺点,要抱着“将军额上跑马,宰相肚里能撑船”的宽宏气度,容忍朋友的缺点,并选择合适的时机和方法善意地帮助他克服缺点。

其次,要让朋友保留“自我”。你与朋友交际,不可强求朋友必须是你的“翻版”。要让朋友拥有自己的爱好、自己的个性。如果你主观武断、独断专行地要求朋友的爱好,跟你一样,那么,朋友将会离你而去。

再次,要尊重朋友的隐私。不要让朋友事事都向你报告,似乎朋友有事不跟你通气,就是对你不忠,就不够朋友。你若如此专横,用如此理想化的标准去要求朋友,朋友也会对你怨而生恨的。

让友情长存的十个原则之三:求人情要适可而止

人们交朋友,自然离不开人情往来。

然而,人还必须不可多求。你求人一次,人家帮了你,倘若你不太知趣,一而再,再而三,得寸进尺,那么,朋友对你这样的人便会生厌、生怨,如此,朋友之间的关系就难以为继了。还有的人,不考虑对方的承受能力,为了满足自己的需要,搞友情强制,这也是使朋友反感的行为。

小刘的收入不多,每月的工资除正常开销外,便所剩无几,因此积蓄有限。然而朋友小张欲买房,非让小刘借给他三万元钱不可,小刘无能为力,不但未满足小张的要求,还因小张搞友情强制而产生反感。

让友情长存的十个原则之四:正确把握友情与爱情

男女之间除了爱情,应该有友情的一席之地。男女之间存在着性别的差异,但是,只要注意把握好尺寸,是可以建立健康、高雅、纯洁的友情关系的。这就要求男女同事之间,男女同学之间等等,都有友情关系的存在。

这就要求男女之间要把握好友情与爱情关系:一是男人不冒犯女人的尊严,应尊重女人的人格;二是男女双方都应该认清友情与爱情的区别,友情只是男女之间的一种友好往来,而爱情却要向对方负有某些责任,比如,家庭婚姻等等,它有一定的专一性约束性。因此,友情与爱情之间有着一条不可逾越的鸿沟。

让友情长存的十个原则之五:朋友也要分亲疏

朋友,虽然都是交际圈中最为友好或可靠的交际对象,但是,人性复杂,与朋友交际,也要深思慎交,分出亲疏。根据常情,大凡成为朋友者,有的是趣味、性格相投,有的是抱负气质相仿,有的是文化层次相近,有的是人格清高、心灵相通等等。

从交际的原因而言,有刎颈之交、莫逆之交、患难之交、君子交、忘年之交、一面之交、市道之交、世交、故交等等。无论你是什么原因的朋友,经过一段时间有交往后,你应有所选择,应该有亲有疏。

比如,有的朋友情感诚挚、冰清玉洁,自然可以真诚深交;但也有的是出于某种功利目的而投向你的,一旦目的达到或者当你穷困潦倒对他已无利用价值时,他便离你而去,像这样的朋友是不可深交的。更有甚者,更应该抑或保持一定的距离为好。

让友情长存的十个原则之六:朋友之间也要说"不"

朋友之间常常有事相托相求,这是正常的。但也有的人相托相求的事常常超出原则范围和客观现实。比如:有的朋友托你办的事超出了你的主承受能力,是你无能为力的;还有的朋友托办的事是违背你的主观意愿的等等。如果遇到此类情况,作为朋友,你应该果断地说一声“不”。

因为,首先,违反原则的事,你若干了,一旦东窗事发,你与朋友都将沦为阶下囚或违纪者;其次,超越你承受能力的事,你无能为力,如果不说明情况予以拒绝,反而会因为事不办成而伤害彼此友谊;

再次,有违你意愿的事你不拒绝,会影响你与其交往的情绪,也会妨碍你与朋友的关系。拒绝朋友之托应该讲究方式方法,不可态度生硬,冒冒失失。

常用的方法:一是可耐心劝阻,言明利害关系;二是可扎实说明情况,让朋友理解你的难处:三是迂回发婉转处置,巧借其他方法帮助完成朋友委托之事。

让友情长存的十个原则之七:倾听朋友的诉说。

作为朋友,你要学会倾听。当你的朋友遇到挫折、碰上烦恼,他便要找一个发泄情感的对象,而你作为朋友,能够真诚、耐心地倾听对方的诉说,就是为朋友开了一个情感的发泄口。

朋友在向你诉说的过程中,你不仅耐心地倾听,而且时不时地插上一两句富有情感的安慰话,抑或为朋友出出点子想想法子,朋友的情感就会因而步出沼泽,他会觉得有你这样的朋友才是真正的依靠。这样,朋友的情感公加深,友谊更会与日俱增。

让友情长存的十个原则之八:在朋友最需要时到场

面对鱼龙混杂的社会、变化多端的自然,谁也不能保证自己万事周全不求人,谁也不夸口自己终身无危难,因此,人们遇到难处总渴望得到别人帮忙。

所以,作为朋友,在别人需要你帮助的时候,一定要及时到场并真诚地伸出手去帮朋友一把,使朋友渡过难关。只要把握好这一交际原则,朋友与你的友谊将会日益加深。

让友情长存的十个原则之九:给朋友留有自由的时空

人们跟朋友交际,是为了友谊,但朋友除你这外还可能另有交际圈。

因此,你首先要允许朋友跟与你意见不合的人交际。当你发现朋友另外所交的人正是跟你曾有摩擦的人时,你应该宽宏,倘若你对此眼里容不得沙子,去责怪朋友,那么,朋友将左右为难。

其次,不可将朋友的交际半径仅仅局限在你的空间里。如果你不管别人乐意不乐意,客观上允许不允许,都把朋友“缚”在你的身边,只能适得其反。因为,你即使“缚”住了朋友的身,却“缚”不住朋友的心,朋友多半会由此怨而生恨,离你而去。

总之,交友得法,友谊长久,反之,朋友之间的友谊会如同昙花一现,稍纵即逝。但愿人都能掌握科学的交友方法,进而使你我与朋友的友谊地久天长、永葆青春。

让友情长存的十个原则之十:交际往来要有“度”

中国有句极富哲理的话叫“物极必反”。生活中,任何过头的东西都会走向它的反面。朋友之间的交际也是如此,过往甚密,反容易出现裂痕;而把握适中的度,才能使朋友间的友谊间的友谊成为永恒。

这是因为,每个人无论在文化、道德、性格、处世态度、做事潜能,及至家庭情况等方面都会存在差异,这种差异的大小,有时会与朋友间的交际频率成正比,即交际越频繁、越过密,拉得也就越大。

朋友间的交往,无论是相处的时间次数、距离等等,都要保持恰到好处,才能达到“意犹未尽、情犹未了”的意境,才会因朋友的到来而欣喜,因朋友的离去而思念。

第九章 友情总是很温暖

友情是一粒种子，友情是一朵花，友情是一枚果实。每个人步入社会，都怀揣着这样一粒种子，它可以为一个人的一生长出最富人情味的奇葩。

友情的果实里，藏着这个世界最深沉的厚道，以及最醇厚的温暖。生命的花园中，如果每一粒友情的种子，一心想着为他人长出温暖的果实，那么，这个世界人与动物永远隔着一条不可逾越的鸿沟 —— 人性。这也是人与动物最根本的区别。从这个意义上讲，人类的尊严，是靠人性来支撑的。而在人性的体系中，友情是从精神的圆点出发的坐标，它所架构的，是人的高。

学会善待

正直和诚实是安身立命的根本。男人善良，忠诚责任在身，修齐治平中为天地立心，为生民立命，为往生继绝学，为万世开太平。女人善良，相夫教子在身，用精血孕育世界用爱心擎起未来。善待与自己有关的人和事。善待亲情，友情，爱情。善待生活，善待生命。善待每一天、每一时、每一刻、每一分、每一秒……

很多时候我们都在说男人是山，女人是水。山要刚健，水要温柔。刚柔相济，才是完美世界。虽然最美的风景是山水相依，可是海纳百川有容乃大，壁立万仞无欲则刚。没有水的山一样苍峋俊伟，不依山的水一样温婉畅达。因为，每个人本身就是一个独立的世界。你的内心强大了，谁还战胜得了你！

世界上只有两个人，一个是自己，一个是别人。

作为群居动物，我们不是孤生孤长在这个世界上。世上还是好人多。把别人当魔鬼，你就会生活在地狱；把别人当天使，你就会生活在天堂。

在人生路上，要学会善待他人，也要懂得善待自己。

善待他人，可以让人生走得更远；善待自己，可以让生命活得滋润。无论是善待谁，其实都是温暖在流转，都是爱在延宕，最终，施及别人，惠泽自身。

在顺境的时候，想着去善待他人。己顺，示人以平和；己达，示人以谦恭；己喜，示人以沉静。善待，有时候，就是一个亲切的姿态，就是一种温和的态度。若不能顺人以顺，达人以达，悦人以悦，至少可以做到不张狂，不招摇，不炫耀。一颗心，大到辽阔无涯际，不是指能装得下几个自己，而是指可以盛得下多少个他人。

善待，本质上就是一种心疼。当然了，一个人，心疼了别人，最后，也会被这个世界心疼。

处于逆境的时候，要懂得善待自己。网络上有一句话：人生就像心电图，当你活得一帆风顺的时候，说明已经挂了。也就是说，谁都会遇到困难，谁都会遭逢坎坷，生命这条长河，有些暗礁和险滩，是绕不过去的。但无论发生什么，都要记住：如果这个世界没人疼惜你，你要疼惜自己，没有人看得上你，你要看得上自己。

是的，若能懂得始终对自己好，生命就永远没有失败。

善待自己，就是要学会宽恕，不在过去的错误中纠缠，就是要学会退一步，不在不能得的欲望中挣扎，从而，把心从痛苦的泥淖中解救出来。你能宽恕多少，能退多少，实际上就是善待了自己多少。善待自己，就是与自己和解。一个人，若能不跟自己较劲，处处放自己一马，就是置心灵于旷野，给心灵以自由。

心灵松绑了，自由了，就是最大的不亏待自己。

说到底，只有心灵自由了，身体才会轻松，精神才会愉悦，才会收获人生的快乐和幸福。

学会赞美

赞美是德惠,更是处人处事的黄金法则。赞美绝对要出于真心而不是逢迎和溜须。每个人都有善良面和闪光点。

清风明月不用钱,善言于人只是翕辟之劳。缘何不看脸蛋的光彩扒了裤子到档里闻味?再说了,闻别人之前先闻闻自己,谁的后龙门不是厕溴?总之,无论怎样,都不要去诋毁别人。

世界卫生组织披露,跑步上楼和诋毁别人对心脏最有害并且危及生命。为了心脏安全,不仅不随意诋毁别人,也不要责人之过揭人短处记人旧恶。当别人因事端失意时,要做一个合格的安慰者理解者,至多是沉默者。而不是乘人之危,落井下石,大做文章。

埋汰了别人还阴暗了自己。

赞美能令平时不起眼的角色成为英雄,能让平时冷漠的人露出羞涩的微笑。懂得真诚地赞美别人,生活会更加美妙。

每个人都有自尊心和荣誉感。对一个人真诚的表扬与赞同,就是对他价值的最好承认和重视。真诚的欣赏和善意和赞许能拉近人与人的距离,消除陌生与隔阂。

某个跨国公司有一个清洁工,本来这是一个最被人忽视、最被人看不起的角色,但就是这样一个人,却在一天晚上公司保险箱被窃时,与小偷进行了殊死搏斗。

事后,有人为他庆功并问他的动机时,答案出人意料。

他说,当公司的总经理从他身旁经过时,总会赞美他"你扫的地真干净"。就这么一句简简单单的一句话,就使这个员工受到了感动,并甘用性命报答。这也正合了我国的一句老话"士为知己者死"。

美国著名女企业家玛丽·凯曾说过;"世界上有两件东西比金钱和性命

更为人们所需——认可和赞美”。

或许有人以为光是赞美没有什么用,还不如发些奖金来得实在。然而他没有弄明白,赞美实际上是对一个人的内心和精神最大的奖励,那种受到肯定与赞美而带来的满足感,要远远超过金钱给人带来的快乐。

有位上校对于激励技巧的使用颇不以为然。在他参加的一个训练课程结束后大约一个星期,这位上校负责做一份重要的简报,由于他做得十分出色,他的上司——将军想要表扬他。

将军找了一张黄色的图画纸,把它折成一张精美的卡片,外面写上“太棒了!”,里边则写了些鼓励的话,然后召见他,当面称赞他,并把那张卡片交给了他。

上校把卡片拿在手中读了一遍,读完之后僵直地站在那里待了一会,然后头也不抬地走出了办公室。将军有点莫名其妙,心想:是不是我做错了什么。

心中不安的将军尾随上校出来,结果,让他感到奇妙的是上校到每个办公室都去转了一圈,向人炫耀他那张卡片。故事还没有完,那位上校此后把这招运用得比将军还好,他为自己专门设计了一批用来赞美别人的专用卡片。

还有一个深谙赞美的积极作用的心理学家,一次他到一家邮局里,排队等候寄一封信,无意中他注意到柜台里那位职员似乎一脸无奈的样子。心理学家突然心生一念,想试着使这位小职员高兴起来,不过他告诉自己;“要使他高兴,使他对我产生好感,我一定得说些好听的话赞美他。”

于是他又扪心自问:“这人身上究竟有什么值得我赞美,而且是我由衷地想赞美的呢?”

心理学家静静地观察片刻,最后终于找到了。当职员开始替心理学家把那封信件过秤时,心理学家立即随口友善地说了一句;“真希望哪天我也能有你这样一头漂亮的头发!”

职员抬头看了心理学家一眼,先是显得有些惊讶,随即绽放出一抹笑容。“哪里,我这头发,比起以前可差多了!”他谦虚地说道。听了心理学家的话,他心情果然好转,并热情地跟心理学家聊了好一会儿,临走,还补充一句道;"其实有不少人都很羡慕我这头黑发呢!"

无论一个人有怎样的成就与地位,都是需要赞美的。也许下一次,在平日不苟言笑的老板与你擦身而过的时候,你可以真诚地表达对他的赞美,他在意外之余,心里一定偷偷笑呢。

赞美别人并不需要你过多地付出什么,你要做的只是在与人交往的时候细心一点,找出别人的闪光点并给予恰当的赞美与肯定。在发现别人优点时,你也会发现自己的生活开始充满阳光。

学会宽厚

据说人成熟的标志不在于贵庚几何鬓霜几许，也不在于洞明世故练达世态，更不是随心所欲游刃有余，甚至所谓的“看山还是山水还是水”的超脱。而是终于能够站在别人的角度上去考虑问题了。宽以待人严以律己历来是君子风范。总说别人这不是哪不对的人，一个指头指划别人的时候该反省一下那指向自己的四个指头。宽容和饶恕有过于自己的人就是所谓的以德报怨，大功德也。要学会用自己的温柔去化解别人的樊篱与倔强，用自己的宽容去接纳别人的嫉恨和苛刻，用自己的热情去消融别人的敌意和冷淡。因为，你自己也有缺点，温暖别人的火，最终也会温暖你自己。

“海纳百川，有容乃大；壁立千仞，无欲则刚。”林则徐这一对联，名传千古。品味这句话，就是宽以待人。细细想来，意味深长。

宽以待人是中华民族的传统美德。自古以来，有多少宽容之事迹，令人感动又感悟深刻。宽以待人就不该抱怨别人对自己怎么不好，抱怨社会对自己怎么不公，其实这些都没有意义。如果总是把眼睛盯在别人身上，却从来没有反思自己，到头来吃亏的恐怕还是自己。如果总能从自身寻找原因，对自己严格要求，凡事身体力行的话，我相信没有过不去的坎，也就没有烦心的事。

宽以待人、宽大为怀，这是我国的古训，也是一种美德，一种气度。“宰相肚里能撑船”就是对宽以待人的最生动表述，宽容的反义词是狭隘、自私、固执，宽容本身就是乐观的心态，就是可以笑看人生。真诚地宽容别人的过错，无须用折磨自己来惩罚别人。坦然应对生命小舟遇到的每一个风波或险滩，就会融化别人冷漠的冰雪，迎来生机盎然的春天。

宽以待人应做到“静坐常思己过，闲谈莫论人非。”常能在静下来的时候，想到自己在做事或待人方面有疏忽有亏欠的地方，自然就减少了对别人抱怨或嫉恨的心情，同时由于明白了自己的过失而得到一些醒悟，以后将不致再犯同样的过错。"闲谈莫论人非"则更是宽以待人的具体行动。

肚大能容，容天下难容之事，似乎这是很难做到的事情。要看到包括自己的每个人都有自己的特点，有优点，也有缺点，所以不能用狭隘和偏激的眼光去看别人，千万不要只看到别人的缺点，而看不到别人的长处。只要能多看到别人的长处，就可以宽以待人。

宽以待人，时常平息心头一个"怨"字

"宽以待人，严于律己。"体现一个人在处世为人修养上的收放功夫，也是高尚品德的最好说明。宽以待人，首要之处是能做到无我而思；严于律己，最要紧处是能克制自己的情绪。感情用事，嫉妒之心是纠缠一个人终生的两件主要因素，也是人们产生怨气的根源。所以。身在逆风舟上看到他人能顺风急进，而做到扪心自问：别人一帆风顺对我有何影响？我虽在逆水之舟又与他人有何相连？不生嫉妒之心就不是一件简单的心理行为。日常生活中看不顺眼的事很多，自己不生烦恼，就不会有人找你的麻烦！众所周知，嫉妒之心人皆有之，轻重不同而已。同门为师，天赋相差无几，学习成绩的优劣完全与个人的后天努力有关，学习好的笑话学习差的，后面者讥讽学习好的都是不道德的表现。**因此，人生处世无论遇到大事还是小事，心理平衡是化解人与人之间怨恨的第一心理要素。**

首先，宽容之心应从家庭做起，如果家庭人员之间不能和睦相处，说明这家人在宽以待人方面就做得很不到位。何谓宽？就是对一些自己不顺心的事情要有忍耐之心。有史书记载：唐太宗在攻打潞洲时，路过一个有五代同堂的人家，问他家的长辈"若何道而至此？"就是问他们家有什么办法能够五代人同住在一起？那家的长者对曰："臣无他，唯能忍而。"太宗以为然。多么简单的回答，没有什么特殊的办法，只不过能忍让罢了。

忍，就是宽恕他人，也是善待自己。另有史书又载：张公艺九世居，唐高宗有事泰山，临幸其家。问本末，书百"忍"字以对。天子流涕，遂赐缣帛。由此可见，身为天子的高宗李治也深知处家立身的不易，就更明白治国的艰辛了。现代家庭，四世、五世同堂的家庭已经是很难找到了，就是三五口之家能否和睦相处也非易事，同样需要父母与子女之间的宽容相待。社会上那些子女对父母不敬，或者父母恨儿女不争气，都是自私自利的表现。那些夫妻分道扬镳，又有几个能做到宽心善待对方的？

对人心宽，自己先做到心里平淡而不多虑。平淡是真，真诚就会善待一切，就会做好每一件事情。只有平静的心情，才会意气舒畅，干什么事人才会充满朝气和兴趣，才会有好的心情处理人际关系。心情好的人对任何人物都会报以宽容之心，不仅对仁人君子心宽，对势利小人更有自己的宽容之法。

宽以待人需要自己的真诚，真诚的力量是能感动一切的。即使生活欺骗了自己，也不应怀疑真诚的魅力。人只要具有宁可人负我，不可我负人的心理，就一定能用真诚之心去对待他人，一言一行也必定会表现出极大的宽容。教育家谢觉哉曾有一首著名的诗篇："行经万里身犹健，历尽千艰胆未寒。可有尘瑕须拂拭，敞开心扉给人看。"康德也说过："真诚比一切智谋更好，而且它是智谋的基本条件。"真诚的宽容之心必定能赢得他人的爱戴。缺乏真诚的人终究不会得到别人的相信。所以，海涅更是直接地告诉人们："生命不可能从谎言中开出灿烂的鲜花。"古人也说过："气性不和平，则文章事功，俱无足取；语言多矫饰，则人品心术，尽属可疑。"生存必定要竞争，但生活需要宽容。

综上所述，一个人在每天的学习工作和生活中都应保持性情平和，对人无所求，对人就无所怨。学会以自己的品德感染他人，以出色的学业和事迹影响他人。只要言辞不浮华虚假，行为不低级趣味，那么对社会、对他人、对自己就是最好的真诚。

宽以待人是和严于律己紧密相联的，在宽以待人的同时更要严于律己。

要做有识之士，就要面对周围一切事情能够做到提得起、看得破、算得到，撇得开、放得下，这些绝非才疏学浅之人所能办到的！所以，每一个人能做到放大眼孔看社会，立定脚跟做人就是不简单的事情。

友情最能温暖世道

友情是挂在心底里的一轮澄澈的明月,它照亮的,是一个人精神的天空。一个拥有友情的人,心底里的月亮,已经超越了个人,升起在尘世寥廓的江天之上。它洞照的,是这个世界所有人的良心,以及灵魂的纯度。这样的友谊,看起来,似乎只是对被救助者境遇的改变。实际上,它改变的,是所有沐浴在月色中的人的心灵。

友情是一粒种子,友情是一朵花,友情是一枚果实。每个人步入社会,都怀揣着这样一粒种子,它可以为一个人的一生长出最富人情味的奇葩。然而,有的人丢弃了它,逐渐变得冷漠;有的人玷辱了它,最后走向邪恶。更多的人,内心都要散发出花的幽香,或恬淡,或浓郁,丝丝缕缕,飘散的,都是人性的芬芳。

友情的果实里,藏着这个世界最深沉的厚道,以及最醇厚的温暖。生命的花园中,如果每一粒友情的种子,一心想着为他人长出温暖的果实,那么,这个世界人与动物永远隔着一条不可逾越的鸿沟——人性。这也是人与动物最根本的区别。从这个意义上讲,人类的尊严,是靠人性来支撑的。而在人性的体系中,友情是从精神的圆点出发的坐标,它所架构的,是人的高。

没有谁不需要友情,也没有谁,不被友情感化。即便是自私的人,尽管自己不愿为别人拿出善和爱来,却也希望在交往中,得到别人的呵护与抚慰。即便是一颗坚硬如铁的心,坚船利炮攻不破,打不败,有时候,一丝友情,就可以把它温柔地感化。

夜晚的天幕上,缀满无数的星星。这些星斗与我们相隔千万里,遥远的,我们永远无法触及。然而,每个晚上,一转身,一仰首,我们总能看到它们那熠熠的光辉。心存友情的人的内心就像这星斗,他们远离喧嚣,蛰伏在寂静的远方。然而,这并不妨碍他们关注尘世。天上每一颗闪耀的星辉,都是投向尘世的不灭的悲悯目光。友情的大小,并不决定于你拿出了多少金钱,干出了多么轰轰烈烈的事情,而是决定于对所呵护的人境遇的改变,以及对这个生命的最终影响。从这个意义上讲尽管你能拿出的只是一元钱,只是一个关爱的眼神,所行的,依然是人间大善。

最高境界的友情,是不在意结果的。也就是说,你帮助一个人,没必要苛求对方感恩;你帮助一个人,没必要等着对方报答。毕竟,友情不是往银行里存钱,所以不要想着连本带利的回报。当然了,友情也有被欺骗被利用的时候。这都是人性的恶在为非作歹,这不是善良的。

你拿出爱心来,无论给了什么人,无论最后是个什么结果,本质上,你都是一个天使。

朋友是一种特殊的温暖

朋友本不该有那么重要,朋友又的确那么重要。生命里或许可以没有感动、没有胜利……没有其他的东西,但不能没有的是朋友。

朋友是可以一起打着伞在雨中漫步;是可以一起骑了车在路上飞驰;是可以沉溺于美术馆、博物馆;是可以徘徊于书店、画廊;朋友是有悲伤一起哭,有欢乐一起笑,有好书一起读,有好歌一起听……

朋友如醇酒,味浓而易醉;朋友如花香,芬芳而淡雅;朋友是秋天的雨,细腻又满怀诗意;朋友是十二月的梅,纯洁又傲然挺立。朋友不是画,它比画更绚丽;朋友不是歌,它比歌更动听;朋友应该是诗——有诗的飘逸;朋友应该是梦——有梦的美丽;朋友更应该是那意味深长的散文,写过昨天又期待未来。**朋友的美不在来日方长;朋友最真是瞬间永恒、相知刹那;朋友的可贵不是因为曾一同走过的岁月,朋友最难得是分别以后依然会时时想起,依然能记得:你,是我的朋友。**

有朋友的日子里总是阳光灿烂,花朵鲜艳,有朋友的岁月里天空不再飘雨,心不再润湿,有朋友的时候才发现自己已经拥有了一切。我们可以失去很多,但不能失去的是朋友。

朋友不是一段永恒,朋友也只是生命中的一个过客,但因为着份缘起缘灭使生命变得美丽起来。即使没有将来又有何关?至少,不能忘记的是朋友以及与朋友一起走过的岁月。

第十章 五湖四海皆朋友

尽管大海一望无际，也比不上天空的宽广。虽然天空辽阔无边，但是相比一颗无私的心就显得略逊一筹。因为世界上容纳最多、覆盖最全、承受最大的是人的胸怀。爱的中间是一颗心，一个人的心胸有多开阔，那么他的爱就能达到有多深远的意义。

爱一个人容易，爱一切的人就困难了。这里说的"一切"是指对人类的普遍关爱。这样深刻而长远的爱不是缱绻浪漫的爱情，不是志同道合的友情，也不是温馨暖意的亲情，而是向人类展示内心诚恳热情而使自身的精神层面获得了完善和满足的情感体验。

友情是博爱

尽管大海一望无际，也比不上天空的宽广。虽然天空辽阔无边，但是相比一颗无私的心就显得略逊一筹。因为世界上容纳最多、覆盖最全、承受最大的是人的胸怀。爱的中间是一颗心，一个人的心胸有多开阔，那么他的爱就能达到有多深远的意义。

英国著名作家狄更斯的作品《双城记》里，英国青年卡顿不是主人公，然而引人注目，他所给我带来的震撼感比其他任何一位人物都要巨大。

在法国大革命爆发后，主人公达南为了营救无辜的管家，冒险返回血腥风雨的法国，不料被革命民众逮捕并判处死刑。与达南相貌相似的卡顿，为了他一直所深爱的露茜的幸福，甘愿混入监牢，冒名顶替朋友达南走上了断头台。假如作者只是拘泥于描写缠绵悱恻的爱情故事，那么《双城记》也就毫无特色，更没什么艺术感染力可言了。可是，卡顿对露茜的爱是十分纯洁的，他没有跟达南明争暗斗。落花有意，流水无情，失意的他纯粹是希望露茜能够生活得快乐。卡顿的英勇抉择不但是单纯为了爱情的牺牲，而且是一种同情、爱护、帮助、善良的举动。这番特殊的举动拥有一个耐人寻味的名字，那就是博爱。

爱一个人容易，爱一切的人就困难了。这里说的“一切”并非是所有的每一个人，而是指对人类的普遍关爱。这样深刻而长远的爱不是缱绻浪漫的爱情，不是志同道合的友情，也不是温馨暖意的亲情，而是向人类展示内心诚恳热情而使自身的精神层面获得了完善和满足的情感体验。博爱者是在职业之外，不受私人利益或法制强制驱使，基于个人的某种道义、信念、良知、援助和责任感，而去关怀照顾、体贴包容、助人为乐、将心比心。可见，这种伟大的爱既怡神悦性，又沁人心脾，更是动人心魄。

儒家“仁爱”的思想，墨家“兼爱”的主张，都蕴蓄了博爱的精神。孟子的学说提倡“老吾老，以及人之老；幼吾幼，以及人之幼”，更是博爱实质的典型代表。尊敬我们的父母，从而推广到尊敬别人的父母，爱护我们的儿女，从而推广到爱护别人的儿女。那是爱的接力、爱的传递、爱的升华，将会凝结成一股波澜壮阔的澎湃势力。

古往今来，乐于助人与扶贫济困是中华民族的优良传统美德。无论是2004年印尼的海啸遇难，还是2008年中国四川地震的破坏，生灵涂炭的景象惨不忍睹，任何人或眼见或耳闻，都会一样的悲天悯人。眼看在残酷的灭顶之灾面前，人们流离失所，世界各国纷纷出资出力援助处于水深火热的灾民。“一方有难，八方支援”，酣畅淋漓地折射出了博爱的意识理念。

一个小岛上面住着富裕、虚荣、快乐和博爱。有一天，小岛快要沉没了，于是大家都准备船只，离开小岛。只有博爱留了下来，她想要坚持到最后一刻。几天过后，小岛不幸真的要沉，博爱恳求请人帮忙。富裕乘着一艘大船驾驶而过，但他说船上有许多金银财宝，腾不出多余的位置。博爱又看见虚荣在一艘华丽的小船上，希望能载她走。可是虚荣嫌弃博爱湿淋淋的身子，生怕弄脏漂亮的船，也无情地拒绝了。快乐经过博爱的身边，不过他太过兴奋了，竟然没听见有人在求救。突然，有一位年长的声音传来：“博爱，过来！我带你走！”博爱感激不尽，并问是谁在帮她。长者说是时间吩咐他来的。

不错，只有时间才能理解博爱，也只有时间才能检验博爱。博爱者品格崇高，令人景仰钦佩。博爱真正震撼人心的力量在于，它与时间同步，不会因岁月的流逝而磨灭掉自身的光辉，反而因时间的考验而为自己增添了重量。

一个人保持着对人类的博爱，行为遵循高尚的道德，永远围绕真理的曲轴而转动，那么即使生活在人间也等于是享受天堂了。

友贵莫若知己

哲学家走到集市上,屠夫问:"你会杀猪吗?"

他答:"不会。"

木匠问:"你会打造家具吗?"他答:"不会。"

厨师问:"你会烹饪吗?"

他答:"不会。"

三个人露出不屑一顾的嘲笑:"那你会什么?"

哲学家说:"我会思想。我不能做你们所能做的事,但我能思考你们所不能思考的问题。"

显然,哲学家和手艺人无法成为朋友,更无法成为知己,充其量只能成为熟人。

知音可遇不可求,一如爱情可遇不可求,要有灵犀和缘分。

一次,音乐家亨德尔应邀参加一个假面舞会,因为不擅长跳舞,他坐下来弹钢琴。

当时,意大利著名作曲家斯卡拉蒂也在场。斯卡拉蒂并不认识亨德尔,只听过他那非凡的演奏。当美妙的琴声传来时,斯卡拉蒂一下子惊呆了。他指着那个弹钢琴的人说:"如果他不是魔鬼,一定是亨德尔!"说完走上前去,掀开演奏者的面具,果然是亨德尔。

从此,两人成了好朋友。亨德尔和卡拉蒂是幸运的,他们都遇到了该遇到的人。

相知是一种幸福,这种幸福可以很多,也可以很简单,甚至简单到一支香烟。

教育家陶行知与史学家翦伯赞交谊颇深，翦喜欢吸烟，而陶不吸，所以每有香烟馈赠，陶便转赠与翦。

一日，一位美国朋友赠送给陶行知一支好烟。陶用纸包好，托人送给翦伯赞，并附诗一首："抽一支骆驼烟，变一个活神仙。写一部新历史，流传到万万年。"一边优哉游哉地享受着香烟，一边欣赏着朋友的激励诗，翦先生真是好福气。

陶行知的另一个好朋友胡适就没有这样的福气，他写了一篇叫做《我们走那条路》的文章，说中国有"五个鬼"：贫穷、疾病、愚昧、贪污、混乱，却只字未提横行霸道的帝国主义这个"大鬼"。

陶先生毫不客气地写诗指出："明于考古，昧于知今。捉住五个小鬼，放走了一个大妖精。"真朋友是一面镜子，有好说好，有错说错。因为在意，所以直言。

好朋友无话不说，没错。但他们在一起说话，是因为有话要说。假如话说完了，他们决不没话找话。长时间待在一起不说一句话，却不感到不自在的朋友，是至交。

在家靠父母,出门靠朋友

家是港湾,可不能永远停留

有一天你离开学校走到外面的世界时,你会发现,生活中,朋友是如此的重要。你在学校里的时候,你体会不到这一点。在学校,饿了你可以去餐厅,困了你可以在寝室睡觉。不会被雨淋,不会被日晒,没钱了可以向父母要,可以向亲戚借。哪天你毕业了你还能享受这待遇吗?你敢说自己永远会过无忧无虑的日子吗?你敢说自己不需要任何人的帮忙吗?到时候,现实环境会告诉你:毕业了,你就得自力更生,你就得自食其力。这时候再从你父母那里拿钱,头半年,可能你的父母还会给你,接下来你还总是从父母那里要钱,你的生活还不能自理。这是不是有点说不过去?一个再有钱的家庭,它所提供的,是给了你一个很好的成长环境,一个可以更好地充实自己的条件。家庭不可能给你提供你的未来,你的未来都是你自己创造的。家里的环境可以帮助你,创造的主体还是你自己。

家是温馨的港湾,可你不能长久地停留。你得远航,当你累了,你可以回来歇息歇息。既然有一天你要走出这个校园,你就不能缺少朋友。

你去一个城市,一开始,这座城市你可能谁也不认识,你可能有独立的能力,你可以顽强地在没有朋友的帮助下在这个城市扎下根来。以后你也会认识一些同事,同事是不是朋友?如果你在大学里面没有交到一批同学朋友,这会是一种多大的遗憾?

同学毕竟强过"2%朋友"

在大学里,你可以选择和你性情类似的人在一起,你可以选择和谁成为朋友。即使最后没有成为和你经常在一起的朋友,只是普通的同班同学,绝大部分也比"2%朋友"要强,这是不可否认的事实。

我们不否认,有些同学本身品质有问题,也不否认,有些同学不值得你去交往,但这毕竟是少数。当你参加工作以后,你没法选择同事,你得每天都和他在一起，你不能像在学校逃课一样逃掉上班，你也不能调换你在公司的座位，你必须面对你的同事，你无法选择无法逃避。除非你选择辞职。今天你从这儿辞职了，明天你会遇到什么样类型的人呢？你依然不知道。在大学里，是交朋结友的最佳时期。这时候交到的朋友，不需要你花费金钱，没有利益掺入，很唯美很理想很牢固，伴随你一生。

你在大学可以通过各种方式交朋友。这也是为什么强调加入社团的原因。如果你是做那种坐在办公室里不动的工作，如果你又在某个公司一干就是若干年，你每天面对的都是同样的人。在这么小的一群人里，你不可能找到那“2%朋友”。

在大学里多交些朋友，不管是本班的，还是其他班级或者其他系的。多交一些朋友，朋友多了路好走，别等到大学毕业的那天才发现身边竟然没有一个朋友。

四海之内皆兄弟

孔老夫子说过:四海之内皆兄弟也。天下的人都能够成为我们的朋友,无论他是什么层次或者什么领域的。只要我们有一颗诚心待人,也就足以与之交往了。

社会的生活,是人类之间相互依赖着的。再高贵的人,也是要吃喝拉撒睡的;再卑贱的人,也是要说理讲德的。卑贱者也要有精神上的渴求,高贵者也一定有物质上的欲望,这就决定了我们每一个人都会成为朋友。

人是生活中的主体。生活本身就是一部活生生的百科全书,所以每个生活主体都应该是一部妙书。

交朋友,是为的在生活中能够有帮手;读书籍,是为了在生活中能够有指南。这两者的作用是相同的,都是为了让人过得幸福一些。

在这种意义上来说,朋友就是你的书,书也就是你的朋友了。

也就是说,读什么样的书,也就等于在交什么样的朋友;交什么样的朋友,也就等于在读什么样的书。

朋友的种类越多,说明你读书的种类越多。况且,书籍又是生活的反映,你读的书越多,也说明你生活的领域越多。

常听人说什么“阅人多矣”,也就是说,也许你阅读的书籍不多,但你阅读生活中人的这部书却多了。有时候,读书本书的人却是个书呆子,但阅读生活书的人却成了真正的学者。所以,真正的书,应该是那生活的书,也就是那些真正的朋友!

从某种程度上说,朋友和书都是你的财富;拥有的越多,说明你过得越幸福。

有些人虽然不识字,也可以说是没有文化,但却在生活中左右逢源,八面玲珑,过得很潇洒。一个根本的原因,就是他们的朋友多,而且是各种各样的,各个领域的。

不识字的,如果有了识字的朋友,岂不等于自己识了字!书本上的字可以不识,但是生活中的字却不可以不识。如果我们既识字,又有朋友,那岂不就是双料的知识分子了!生活岂能不幸福呢!所以,无论如何,一个人都一定要交朋友。

面对着知识渊博的朋友,就仿佛是在读那奇妙绝伦的书籍。所谓渊博,就是说无所不知,无所不晓,肯定有我们自己所意想不到的阅历或者知识。他们那些出人意料的奇闻异事,会让我们大笑捧腹或者增长见识;

那些超凡脱俗的见解和对生活真谛的领悟,又会让我们反观自省而启迪良深。

有时候,他们的言谈举止让你惊叹、好奇,简直使那些再奇异的书籍也都显得黯然失色。

面对风流儒雅的朋友,似乎是在读名家的诗词文章。司马迁的鸿篇巨制,李白的诗,苏东坡的词,真是天马行空,一意神行,可谓之大手笔。就仿佛是那飞将军李广领兵打仗,神出鬼没,完全出自天然,实难预料。

这正如李白自己所说的:清水出芙蓉,天然去雕饰。

我们在他们的面前,因为早已摆脱了尘世的束缚和羁绊,也会像他们一样地潇洒出尘,摆去拘束,独得自然。

有时候,与他们相交,远远胜过了去读那些名家的诗词文章,因为他们让你潇洒、陶醉,直接进入了那些灵感和神秀的主体。

面对着持身谨饬的朋友,就好像是在读那圣人贤者的经典传著。经典之中,所讲解的都是如何做人的大道理,就是要让你把生活过好,把人做好,然后才可能生活得幸福美满。

所以,读圣贤之书,就是要学习他们对于生活的体认和领悟,从而使我们自己有所改变和完善。

而真正能够解决人生问题的,就是一个人的人生观和世界观的问题。我们与那些行为谨慎、言语整饬的朋友在一起,的确会受到他们的生活态度的感染,自然不会做那些会给自己或者他人造成痛苦的事情,因为他们会让你感到恭敬、敦厚。

面对着幽默滑稽的朋友,恍若是在读览那传奇小说。传奇小说传的就是一个奇字,因为出奇,所以才会让人开心解颐。

如果我们的朋友很幽默滑稽,自然而然地会在生活之中造成无穷的笑料，供我们快乐开心。

当然，我们这里所说的幽默或者滑稽，一定不是那些故意制造噱头而哗众取宠的东西。他们使你在欢悦中接受了真理或者劝诫，得到有益的启发和收获，并且使你开怀而解颐。叫作寓教于乐。

从某种程度上说，朋友和书都是你的财富；拥有的越多，说明你过得越幸福。

读圣贤之书，就是要学习他们对于生活的体认和领悟，从而使我们自己有所改变和完善。

患难见真情

人的一生不能没有朋友，人的一生也必然有自己的朋友。可以说，人生的朋友是与生俱来的。

人生是舟，友谊是水；没有水，舟难行。

人生的朋友，对于一个人来说，不仅必不可少，而且是必然有之。并且，朋友对于人生来说，是非常重要的。对于一个人来说，朋友会伴随自己的生命而存在，是与生俱来的。

一个人的人生能否取得成就，也就是说，人生是否成功，朋友是一个十分重要的因素，无论人生在那个方面的成功，都离不开朋友的支持。人的生存与发展，也离不开友谊，如果离开了朋友那纯真的友谊，那就寸步难行。

朋友，友情，友谊，这些似乎是一个相同的意思。然而，其实质是有本质区别的。朋友的范围很广，相识的人、一面之交、同学、同志等等，这些统统都在朋友这个群体里，统统都称之为朋友。友情仿佛近了一层，不一般的朋友才产生友情。友谊仿佛又近了一层，仿佛有了亲密的关系。

人生的朋友，是与生俱来的，儿时有儿时的朋友，少年时有少年时的朋友，到了青年的时候，就有了自己青年时的朋友……总的来讲，人生的朋友，大多在自己的生活天地里。生活的天地越宽，朋友也就越多。

人生的朋友，讲得具体一点，就在自己生活圈子的范围之中。朋友，其实就是自己所处的生活圈子里的那些人。

人是有思维的高级动物。由于每一个人都有自己的世界观和人生观，由于每一个人都有自己的思维和思想，由于每一个人都有自己的主见和主张，每一个人自己生活圈子里的人就自然而然地分成各自不同类型的人。“人以群分，鸟以类聚”其实就是一个最好的说法。

每一个人的生活圈子里的人，不可避免要分成几种人：或者是互相支持的朋友，或者是互相竞争的对手，他们之间不是相容就是相排斥。因此人生中的朋友，就被蒙上了一层神秘的面纱。

在每一个人生活的空间环境里，都会有自己的朋友，都会产生不平常的友谊。然而，人生的友谊，人生真正的友谊，贵在最关键的时刻。古人说：患难见真情。

然而，往往也就是这个关键的时候，就很难看见自己最纯真的朋友与友谊。平时看似很要好很火热的朋友，关键的时刻就不一定能帮助你渡过难关。这是自己最近这两天的一个深刻感受。

朋友啊朋友，谁的人生能离开朋友？当朋友处在最关键的时候，你是否愿意为自己的朋友分忧呢？

人生朋友友谊，贵在朋友求你的关键时刻。

人生朋友，人生友谊，贵在关键之时。平时怎么好，都算不了什么。最关键的时候，才见真情呢。鲁迅说：人生一知己足矣。鲁迅讲的这个知己是什么人呢？一定是关键时刻的患难知己吧？

心灵深处的默契

每个人的内心都有一个属于自己的角落。那里可能是儿时没有实现的梦想,也可能是生活中无时不在的困扰……如果有一个人能真正地走进你的内心世界,能解读你的失意,明白你的困惑,更懂得你的渴望——如果有这样一个人,那她就可以称作你的知音。

知音是人与人之间交往的一个超越,一个境界。家人也好,爱人也好,朋友也好,知己也好,不外乎就是一个情字。

然而,这其中的差别会很大,和家人之间是浓浓的亲情,和爱人之间是火热的爱情,和朋友之间是淡淡的友情,只有与知音之间的情蕴最多,她包含了亲情、爱情和友情。

知音是理性的朋友,是一种心灵上可以相通,精神上可以相互依偎,情感上可以相知相惜的朋友,简单地说,就是一个能够倾听自己心事,能够懂你的朋友。

他或她有可能是同性朋友,也可能是异性朋友。不管是同性还是异性,交往时只要心怀坦荡,彼此真诚,那么眼中的彼此就是清澈透明的,是纯洁无瑕的。

彼此真诚是一切情感之基础。因为知音没有相互的占有欲,只有默默地奉献自己,知音就是彼此的牵肠挂肚,彼此的心领神会。他们不在乎对方的相貌,也不在乎对方的贫陋,他们无须刻意隐瞒自己,他们能容纳对方的所有瑕疵……而这一切皆来自彼此的真诚。

知音是心灵深处的一种交流,是灵犀的感知,是一方纯净无瑕的净土,是男女之间交往的最高境界,是可遇不可求的。

黄金易得,知己难求,人生有一知己足矣,世间的万物皆不能是完美的,只要我们真诚的待人,给生活多一点宽容和爱意,生活就会过得舒心快乐,友谊也将会地久天长。

一个人的生命的途程，往往有几个最关键的时候。当一个人在事业上最需要支持的时候，当一个人在事业上最需要帮助的时候，当一个人遇到最危险的时候，当一个人最需要经济支援的时候，当一个人最需要别人拉一把的时候，朋友的友谊就起着决定性的作用了。

无论岁月如何流转，那份如水的情怀将会串连成一道美丽的彩虹悬挂在我们生命中的每一个驿站，只因那高山流水的琴音将永远是我们生命中最美的心弦！